Die Stiefvaterfamilie unehelichen Ursprungs.

Zugleich eine Studie
zur Methodologie der Unehelichkeits-Statistik.

Von

Dr. O. Spann.

Mit einem Nachwort über die Bedeutung der Berufsvormundschaft.

Von

Dr. Chr. J. Klumker

Direktor der Centrale für private Fürsorge zu Frankfurt a. M.

Aus der »Zeitschrift für Socialwissenschaft« besonders abgedruckt.

Berlin 1904.
Druck und Verlag von Georg Reimer.

Inhalt.

I. Über den Begriff der Unehelichkeit.

1. Die Erscheinung der unehelichen Fortpflanzung gibt ein Problem auf, dessen gründliche sozialwissenschaftliche Bearbeitung nicht nur vom praktischen, sondern auch vom theoretischen Standpunkte aus notwendig erscheint. Handelt es sich doch hier um eine Erscheinungsform der Bevölkerungs-Erneuerung, welche außerhalb des normalen Organs hierfür, der Familie, sich vollzieht und gemäß den abnormalen Bedingungen, unter denen sie steht, in vieler Hinsicht als soziale Degenerations-Erscheinung sich darstellt.

Wenn man sich auf die bisherige statistische Erforschung der Unehelichkeits-Erscheinung — wie wir die außereheliche Fortpflanzung nennen wollen — besinnt, findet man, daß dieselbe zwar von jeher eifrig gepflegt wurde, sich jedoch meist auf wenige Daten, wie Anzahl, Sterblichkeit und etwa noch Legitimation der unehelichen Geburten beschränkte. Die eigentliche soziale Unehelichkeits-Erscheinung, wie sie durch ihre funktionelle Eigenart im sozialen Körper und ihre soziale Wesenheit (Bedingtheit) gekennzeichnet ist, blieb dabei so gut wie unberührt; dies besonders auch deshalb, weil man die gegebenen Massen stets als innerlich gleichartige hinnahm. Statistisch erscheint nämlich jeder Fall, in welchem das Merkmal der rechtsgültigen Heirat fehlt, gleichermaßen als unehelich. Dadurch werden in den Beobachtungsmassen ganz ungleichartige Bestandteile vereinigt, und es entsteht die Aufgabe, sie in innerlich homogene Gruppen aufzulösen oder, sofern dies nicht möglich ist, wenigstens auf Umwegen den begrenzten Wert der Erforschung jener bloß formal gebildeten Massen festzulegen.

Es gilt also, den formalen Standpunkt möglichst zu verlassen und materielle Gesichtspunkte aufzusuchen. Diese können nur aus theoretischer Erwägung gewonnen werden. Wie die Statistik überall, wo sie über das Stadium bloßer Beschreibung hinauskommt, nur eine Methode im Dienste des Auf- und Ausbaues einer Theorie sein darf und kann, so muß sie auch hinsichtlich des Unehelichkeits-Problems möglichst als Mittel zur Schaffung theoretischer Begriffe benützt werden. Dies ist umso mehr möglich, als das Problem von Haus aus dadurch auf eine theoretische Unterlage gestellt werden kann, daß es an die sozialwissenschaftliche Erforschung über die Familie angeknüpft wird. Ehelichkeit und Unehelichkeit stehen einander wie normale und abnormale Bevölkerungserneuerung gegenüber.

2. Mit dieser Erwägung ist bereits ein erster Begriff der Unehelichkeit gewonnen und damit nicht nur ein Ausgangspunkt der Deduktion,

sondern auch, worauf es hier ankommt, ein Stützpunkt und Leitfaden der Induktion. Je klarer das Wesen der reinen Unehelichkeit erkannt ist, umso genauer können die Typen und Zwischenformen voneinander geschieden werden, können in den formalen statistischen Massen die reinen Gruppen ausgemittelt werden.

Es soll nun nicht die Aufgabe dieser Untersuchung sein, einen Begriff der Unehelichkeit aufzustellen, vielmehr soll hier nur seine methodische Bedeutung für die statistische Induktion exemplifikatorisch dargetan werden. Zu diesem Zwecke genügt es, wenn wir einen solchen Begriff provisorisch und ohne strengere Ableitung einführen. In Anknüpfung an das eingangs bereits Gesagte möge es daher bei folgender kurzer Argumentation sein Bewenden haben.

Die Unehelichkeits-Erscheinung ist, wie jede soziale Erscheinung, begrifflich von einer zweifachen Seite zu erfassen. Einmal in ihrer funktionellen Bedeutung für den sozialen Körper als Ganzes, d. h. in ihrer Bedeutung für das Ineinandergreifen, das funktionelle Zusammenspiel der sozialen Erscheinungen; und sodann in ihrem spezifischen Wesen, ihrer Bedingtheit. Die unmittelbaren Bedingungen der Unehelichkeit sind wohl grundsätzlich in dem gegenseitigen psychischen Verhältnisse der beteiligten Personen zu suchen, also psychologischer Natur; hingegen sind alle äußeren Verhältnisse, insbesondere auch die wirtschaftlichen, wohl nur als komplizierende Einflüsse, nicht als grundsätzliche, unmittelbare Bedingungen anzusehen, so bedeutsam sie auch tatsächlich sein mögen. Auf diese Seite des Problems brauchen wir indessen nicht weiter einzugehen. Für unseren gegebenen Zweck genügt es, die funktionelle Eigenart der Erscheinung im Auge zu behalten. In funktioneller Hinsicht bestimmt sich nun im Anschluß an das schon oben Gesagte die Unehelichkeit als jene Art der Bevölkerungs-Erneuerung, bei welcher die körperlichen, geistigen und sittlichen Entwicklungsbedingungen nicht in funktionell hinreichendem Maße dargeboten werden. Alle diese Bestimmungsstücke sind in Ansehung der normalen Funktionen der Familien — körperliche, geistige und sittliche Erziehung — gewonnen. »In funktionell hinreichendem Maße« heißt dabei: in jenem Maße, welches (für den Nachwuchs) zur Sicherung und Weiterentwicklung des schon vorhandenen Kulturniveaus einer gesellschaftlichen Sphäre notwendig ist. Dächte man sich in einem gegebenen Fall eines »nicht hinreichenden Maßes« die dargebotenen Entwicklungsbedingungen verallgemeinert, so müßte durch ihre Mangelhaftigkeit eine Senkung des Kulturniveaus der neuen Generation eintreten. »Unehelich« ist daher — falls man mit diesem Worte nicht eine rein formal-rechtliche Beziehung bezeichnen will — jene Art der Bevölkerungs-Erneuerung, mit der ihrem Begriffe nach eine Degeneration im sozialen Körper verbunden ist. Diese eigentliche Unehelichkeits-Erscheinung bezeichnen wir daher als funktionelle oder eigentliche Unehelichkeit und stellen sie aller bloß (rechtlich-)formalen Unehelichkeit entgegen. Die funktionelle Unehelichkeit steht so als Degenerations-Erscheinung der Ehelichkeit, die eine gesunde Regenerations- und damit Entwicklungs-Erscheinung ist, gegenüber.

3. Innerhalb der funktionellen Unehelichkeit, wie zwischen dieser und der funktionellen Ehelichkeit, ist eine Reihe von mehr oder weniger unzu-

länglichen Ersatz- und Rudimentärformen der Familie zu vermuten. Dies muß gemäß unserer Anknüpfung der Unehelichkeits- an die Ehelichkeits-Erscheinung geschlossen werden. Es müssen zwischen den beiden Arten mehrere Zwischenformen liegen, welche zu begrifflich bestimmen und statistisch zu untersuchen sind. Damit ist die Auflösung der formalen heterogenen statistischen Beobachtungsmassen in homogene Gruppen von selbst angebahnt und überhaupt die funktionelle Seite der Erscheinung statistisch als Problem erfaßt.

Ein typischer Fall funktioneller Unehelichkeit ist zunächst der, in welchem das Kind unter der bloßen Obhut der (unehelichen) Mutter heranwächst. Hier ist in der Gemeinschaft von Mutter und Kind ein rudimentäres Familiengebilde gegeben, zu dem noch von Rechts wegen die — nebenbei gesagt in ihr gegenwärtigen Gestalt gänzlich unzulängliche — Institution der Vormundschaft tritt. Im Falle des Todes der Mutter und der Verwaisung des Kindes tritt an die Stelle des Rudimentär-Organs ein Subsidiär- oder Ersatzorgan, wohl meist in Form der Anstaltserziehung und der öffentlichen Waisenpflege überhaupt. Das uneheliche Kind wird aber auch, selbst wenn seine Mutter am Leben bleibt, häufig in wirkliche, aber ganz fremde Familien (Ziehfamilie) oder auch in halbfremde, teilweise blutsverwandte Familien gelangen. Im Falle die Mutter einen anderen Mann als den Vater ihres unehelichen Kindes heiratet, oder der Mann eine andere Frau als die uneheliche Mutter des Kindes, gelangt dasselbe gleichfalls in eine halbfremde Familie, die Stieffamilie, wie wir sie nennen wollen.

Je nachdem in einer Familie der Ehemann dem Kinde seiner Frau oder die Ehefrau dem Kinde ihres Mannes blutsfremd ist, kann man die Stiefvater-Familie oder Stiefmutter-Familie unterscheiden. Diese Unterscheidung ist wichtig, da Mutter und Vater sehr verschiedenartigen Einfluß auf die Erziehung des Kindes haben. Auch ist der diesbezügliche Machtbereich der beiden Gatten verschieden. Im allgemeinen ist zu erwarten, daß die Stiefvaterfamilie für das Kind günstiger ist, als die Stiefmutterfamilie, denn die natürliche Mutter nimmt meist einen weitergehenden Einfluß auf die Erziehung des Kindes als der Vater (wenigstens sozusagen auf die »Exekutive« der Erziehung) und kann diesen auch leichter zugunsten des Kindes bestimmen. Hingegen wird es dem natürlichen Vater im allgemeinen schwerer fallen, sein Kind vor Benachteiligungen durch die Stiefmutter zu schützen.

Bei unehelichen Kindern wird die Stieffamilie wohl meistens eine Stiefvaterfamilie sein, denn gerade in jenen Fällen, in welchen der Vater seinem (unehelichen) Kinde gegenüber ein recht günstiges Verhalten zeigt, wird er naturgemäß in der Regel die (uneheliche) Mutter heiraten und damit die Legitimation des Kindes herbeiführen, womit die Erscheinung der Unehelichkeit auch rechtlich-formal verschwindet. Jedoch wird immerhin auch der Fall der Stiefmutterfamilie eintreten, nämlich, wenn der uneheliche Vater sein Kind in eine Ehe hinübernimmt, welche er mit einer anderen Frau als der natürlichen Mutter des Kindes schließt. Dieser letztere Fall ist in unserem nachfolgend zu untersuchendem statistischen Material leider nicht isolierbar. Wir haben es daher nur mit der Stiefvaterfamilie zu tun.

Alle diese unterschiedenen Gruppen von unehelichen Kindern stehen unter recht verschiedenen Erziehungs- und Entwicklungsbedingungen, und es ist klar, daß sie demgemäß recht verschiedenes soziales Verhalten —

z. B. in bezug auf ihre Kriminalität, Berufsgliederung, Bildung usw. — zeigen werden. Sie stellen also verschiedene Grade funktioneller Unehelichkeit vor, welche in den formalen statistischen Massen nach den mit den dargelegten Unterscheidungen gegebenen Gesichtspunkten ausgemittelt werden müssen; d. h. es müssen die sozialen Funktionswerte der einzelnen Gruppen mittels der statistischen Beschreibung ihrer quantitativen und qualitativen Eigenschaften bestimmt werden.

II. Vorfragen zur Stiefvaterfamilie.

1. Versuchen wir nun, den entworfenen Begriff der Unehelichkeit in den fixierten Beziehungen an unserer Beobachtungsmasse durchzuführen.[1]) Diese besteht aus den militärpflichtigen Unehelichen der 12 Musterungsjahrgänge 1870—1881 von Frankfurt a. M., im ganzen 2120. Diese Masse setzt sich zunächst aus zwei wohl zu unterscheidenden Gruppen zusammen: aus 632 in Frankfurt selbst Geborenen und 1488 auswärts Geborenen, aber wegen dauernden oder vorübergehenden Aufenthaltes hier zur Stellung Gekommenen. Für die erstere Gruppe, in welcher auch die abgewanderten Frank-

---

[1]) Die nachfolgenden Zahlen entstammen einer statistischen Untersuchung der Frankfurter Militärstammrolle, welche im Auftrage der »Zentrale für private Fürsorge« vom Verfasser ausgeführt wurde. Das Material wurde mir durch die gütigen Bemühungen des Direktors des hiesigen statistischen Amtes, Herrn Prof. Dr. H. Bleicher, der mir auch wertvolle technisch-methodische Winke gab, zugänglich gemacht. Ich bin ihm, sowie den beteiligten Behörden dafür zu höchstem Danke verpflichtet. — Die Veröffentlichung des gesamten so gewonnenen Materials wird vorbereitet.

Zur Orientierung über die Natur und das Zustandekommen des Quellenmaterials folgendes: Die Eintragungen in die von der Kommunalbehörde geführten Stammrollen werden zunächst auf Grund jährlicher Berichte der Standesämter vorgenommen. Diese Berichte sind Auszüge aus den Geburtsregistern des um 17 Jahre zurückliegenden Kalenderjahres und betreffen alle in der Gemeinde Geborenen. Um die Aufnahme bereits Verstorbener zu verhindern, werden jene Berichte durch entsprechende Auszüge aus dem Sterberegister des vorherigen Kalenderjahres berichtigt. Die von vornherein als Ausländer Erkannten werden in die Stammrolle nicht aufgenommen. In den Berichten der Standesämter sind auch die Angaben, ob die uneheliche Mutter sich (bis zum 17. Lebensjahre des Kindes) verehelichte, sowie ob eine Namengebung stattgefunden hat, enthalten. Die weiteren Daten, wie ausgelernter Beruf des Stellungspflichtigen, Mutter lebend oder tot usw. werden von der Behörde durch mündliche Befragung bei der persönlichen Anmeldung der Stellungspflichtigen festgestellt. Bei Namengebung und Einjährig-Freiwilligen-Berechtigung müssen die betreffenden Papiere vorgezeigt werden. Stellen sich hier Geborene außerhalb Frankfurts, so erhält die hiesige Gemeinde unter Angabe des Musterungsergebnisses hiervon Mitteilung. Alle hier Geborenen erscheinen daher in der hiesigen Stammrolle, Zugewanderte werden aber nur während der Dauer ihres hiesigen Aufenthaltes hier geführt. Im Falle des Wegzuges werden weitere Daten nicht mehr verzeichnet. Daher sind z. B. die Strafregister der Zugewanderten dann unvollständig, wenn sie wieder abwanderten, ebenso das Musterungsergebnis. — Die Aufstellung der Stammrolle erfolgt für jeden Geburtsjahrgang im Januar desjenigen Jahres, in welchem die Pflichtigen das zwanzigste Lebensjahr vollenden. Über die vor dem zwanzigsten Lebensjahr freiwillig in die Armee Eintretenden fehlen die Personalangaben, da eine Meldung zur Stammrolle nicht stattfindet.

furter enthalten sind, sind nicht nur die Daten vollständiger, sondern ihre Zusammensetzung und Beschaffenheit ist auch vielfach von der zweiten Gruppe grundverschieden. Sie bildet eine natürliche, geschlossene, sozusagen organisch gebildete Masse, da sie alle von den Geborenen übrig Gebliebenen, sofern diese nicht Ausländer, ausgewandert oder verschollen sind, enthält; die Auswärtigen hingegen stellen eine künstlich gebildete, durch die Wirksamkeit der Wanderungsmotive ausgewählte Masse dar, deren Eigenschaften daher nicht ohne weiteres für die Unehelichen überhaupt typisch sein können. Auch sind die hier Geborenen als Bestandteil der hiesigen jugendlichen, männlichen Bevölkerung überhaupt zu betrachten, während dies bei den Auswärtigen nur in begrenztem Maße der Fall ist. — Diese beiden Gruppen sind ferner wieder in Bestrafte und Unbestrafte zu unterscheiden. Die 632 Hiesigen zerfallen in 579 Unbestrafte und 53 Bestrafte. Die 1488 Auswärtigen in 1352 Unbestrafte und 136 Bestrafte. Da von den Bestraften nicht vorausgesetzt werden kann, daß ihr Verhalten in jeder der untersuchten Beziehungen das gleiche sei, wie bei den Unbestraften, außerdem ihre Anzahl zu gering ist, so wollen wir uns hier, auch mit Rücksicht auf den Raum, auf die Gruppen der Unbestraften beschränken.

In den umstehenden Tabellen I u. II (S. 8 u. 9) ist die Beobachtungsmasse nach Tauglichkeitsgruppen wie nach Berufsgruppen gegliedert. Jede einzelne Berufs-Tauglichkeitsgruppe, sowie jede ganze Tauglichkeits- und jede ganze Berufsgruppe ist wieder nach den Merkmalen, ob die Mutter des Militärpflichtigen zur Zeit der Anmeldung (d. i. in seinem 20. Lebensjahre) lebte oder nicht, sowie ob sie bis zur Zeit der Anmeldung (in der

Anmerkungen zu den Tabellen I und II auf S. 8 und 9.

[1]) Hierher sind auch die tauglich Befundenen und aus zivilen Gründen nachträglich zur Ersatz-Reserve Überwiesenen gerechnet.

[2]) Auch weil Wehrpflicht verletzt, fremde Staatsangehörigkeit erworben, noch unentschieden etc.

[3]) Neben Buchhaltern, Komptoiristen, Agenten etc. auch Kommis, Handlungsgehilfen, Schreiber, Kolporteure etc.

[4]) Hierher wurden alle Gehülfen, Gesellen etc., zu deren Arbeiten eine besondere Vorbildung notwendig (d. h. eine Lehrzeit durchzumachen) ist, gerechnet. Die Grenze ist allerdings schwankend. So mußten z. B. auch Kellner hierher gerechnet werden, trotzdem ein großer Teil dieser Personen keine besondere Lehrzeit durchgemacht hat. Die Stammrolle gibt neben der tatsächlich ausgeübten Erwerbstätigkeit zuverlässig auch den gelernten Beruf an. Sehr häufig waren Angaben wie: »jetzt Auslaufer, sonst Schlosser«. In solchen Fällen wurde der Betreffende sachgemäß zu den gelernten Arbeitern gerechnet.

[5]) Alle Personen ohne besondere Berufsvorbildung: Taglöhner, Fabrikarbeiter ohne nähere Bezeichnung etc. Von Zweifelhaften, welche hierher gerechnet wurden, seien genannt: Bureaugehilfe, Heizer, Postbote, Zementarbeiter, Zigarrenarbeiter, Flußschiffer.

[6]) Auch unbekannt, ob die Mutter verehelicht oder ledig ist.

[7]) Hierher sind auch die tauglich Befundenen und aus zivilen Gründen nachträglich zur Ersatz-Reserve Überwiesenen gerechnet.

[8]) Auch weil während der Musterungsperiode gestorben, verschollen, noch unentschieden u. ä.

[9]) Die Erläuterungen zu dieser und den anderen Berufsgruppen siehe bei Tabelle I.

Tabelle I. In Frankfurt a. M. unehelich geborene, unbestrafte Stellungspflichtige der Geburtsjahrgänge 1870—1881.

Beruf der Stellungspflichtigen	Die Mütter der Stellungspflichtigen waren ausgewiesen als	Die Stellungspflichtigen verteilen sich je nach dem Musterungsergebnis (bezw. dem Grund seiner Unbekanntheit) folgendermaßen:																		Summen der Berufsgruppen	Berufsgliederung derer, deren Beruf bekannt ist
		Tauglich [1])			Ersatz-Reserve			Landsturm			Untauglich			Ergebnis unbekannt, weil während der Musterung gestorben			Ergebnis unbekannt, weil verschollen etc. [2])				
		Die Mutter ist			Die Mutter ist			Die Mutter ist			Die Mutter ist			Die Mutter ist			Die Mutter ist				
		lebend	tot	unbek. ob lebd. od. tot	lebend	tot	unbek. ob lebd. od. tot	lebend	tot	unbek. ob lebd. od. tot	lebend	tot	unbek. ob lebd. od. tot	lebend	tot	unbek. ob lebd. od. tot	lebend	tot	unbek. ob lebd. od. tot		Prozente
Kaufm. Angest. u. gelernte Berufe im Handel überh. 3)	unverehel.	4	0	3	11	1	1	7	3	2	2	1	1	1	—	1	—	—	—	38	
	verehel.	3	—	—	4	—	—	6	1	—	1	—	—	—	—	—	2	—	—	17	
Summen			10			17			19			5			2			2		55	13,7
Gelernte Arbeiter (Professionisten) 4)	unverehel.	28	18	17	18	7	8	20	13	7	4	7	3	2	—	—	1	—	—	153	
	verehel.	34	5	5	15	1	2	12	—	2	3	1	1	—	—	—	1	—	1	83	
Summen			107			51			54			19			2			3		236	58,9
Ungelernte Arbeiter 5)	unverehel.	10	7	10	9	6	3	3	4	2	7	1	—	2	—	—	1	—	1	66	
	verehel.	12	2	1	5	—	—	1	—	—	1	—	—	—	—	—	—	—	—	22	
Summen			42			23			10			9			2			2		88	22,0
Freie Berufe, private und öffentl. Beamte	unverehel.	1	1	—	1	—	—	4	—	—	1	—	—	—	—	—	—	—	—	8	
	verehel.	—	—	—	1	—	1	—	—	—	1	—	—	—	—	—	—	—	—	3	
Summen			2			3			4			2			—			—		11	2,7
In Berufsvorber. Befindliche (Studenten, Lehrlinge etc.)	unverehel.	1	—	—	—	—	—	—	—	1	—	—	—	2	—	—	—	—	—	4	
	verehel.	3	—	—	—	—	—	—	—	—	—	—	—	—	—	—	—	—	—	3	
Summen			4			—			1			—			2			—		7	1,7
Ohne Berufsangabe (auch Idioten, Blinde, Beruflose)	unverehel.	—	—	24 6)	—	—	2	1	—	5	2	—	2	—	—	1	—	—	138 6)	175	
	verehel.	—	—	—	—	1	—	—	—	—	1	—	—	—	—	1	—	—	—	3	
Summen			24			3			6			5			2			138		178	. .
Selbst. (Händler, Hausierer, Landw. etc.)	unverehel.	—	—	—	—	—	—	1	—	1	—	—	—	—	—	—	—	—	—	2	
	verehel.	1	—	1	—	—	—	—	—	—	—	—	—	—	—	—	—	—	—	2	
Summen			2			—			2			—			—			—		4	1,0
Summen d. Tauglichkeitsgruppen				191			97			96			40			10			145	579	100%

NB. Die Anmerkungen zu dieser und der nebenstehenden Tabelle siehe auf S. 7.

Beruf der Stellungspflichtigen	Die Mütter der Stellungspflichtigen waren ausgewiesen als	Die Stellungspflichtigen verteilen sich je nach dem Musterungsergebnis (bezw. dem Grund seiner Unbekanntheit) folgendermaßen: Tauglich7) – Die Mutter ist lebend	Tauglich7) – tot	Tauglich7) – unbek. ob lebd. od. tot	Ersatz-Reserve – Die Mutter ist lebend	Ersatz-Reserve – tot	Ersatz-Reserve – unbek. ob lebd. od. tot	Landsturm – Die Mutter ist lebend	Landsturm – tot	Landsturm – unbek. ob lebd. od. tot	Untauglich – Die Mutter ist lebend	Untauglich – tot	Untauglich – unbek. ob lebd. od. tot	Ergebnis unbekannt, weil verzogen etc. 8) – Die Mutter ist lebend	Ergebnis unbekannt – tot	Ergebnis unbekannt – unbek. ob lebd. od. tot	Summen der Berufsgruppen	Berufsgliederung derer, deren Beruf bekannt ist (Prozente)
Kaufmännisch Angest. u. gelernte Berufe im Handel überh.9)	unverehelicht	5	6	—	4	2	—	7	6	1	2	1	—	8	1	—	43	
	verehelicht	10	3	1	7	1	—	6	—	—	—	1	—	11	2	—	42	
Summen		25			14			20			4			22			85	6,4
Gelernte Arbeiter (Professionisten)	unverehelicht	137	72	6	40	26	1	33	19	2	7	5	3	101	50	6	508	
	verehelicht	170	11	3	48	2	1	43	2	2	14	3	—	114	8	2	423	
Summen		399			118			101			32			281			931	70,3
Ungelernte Arbeiter	unverehelicht	47	27	5	13	6	2	13	3	1	5	5	1	30	14	1	173	
	verehelicht	44	5	1	19	—	—	18	—	—	6	1	—	25	1	—	120	
Summen		129			40			35			18			71			293	22,1
Freie Berufe, private und öffentliche Beamte	unverehelicht	—	—	—	2	—	—	1	—	—	—	—	—	2	2	—	7	
	verehelicht	1	—	—	—	—	—	—	—	—	1	—	—	—	—	—	2	
Summen		1			2			1			1			4			9	0,7
In Berufsvorbereitung Befindliche (Studenten, Lehrlinge etc.)	unverehelicht	—	1	—	—	—	—	—	—	—	—	—	—	2	—	—	3	
	verehelicht	1	—	—	—	—	—	—	—	—	—	—	—	—	—	—	1	
Summen		2			—			—			—			2			4	0,3
Ohne Berufsangabe (auch Idioten, Blinde, Beruflose)	unverehelicht	—	—	2	—	—	—	—	—	—	2	—	—	1	—	12	17	
	verehelicht	2	1	—	1	—	—	—	—	—	1	—	—	3	—	2	10	
Summen		5			1			—			3			18			27	. .
Selbständige (Händler, Hausierer, Landwirte etc.)	unverehelicht	—	—	—	—	—	—	1	—	—	—	—	—	1	—	—	2	
	verehelicht	—	—	—	—	—	—	—	—	—	1	—	—	—	—	—	1	
Summen		—			—			1			1			1			3	0,2
Summen der Tauglichkeitsgruppen		561			175			158			59			399			1352	100%

Rubrik »unbekannt ob Mutter lebend oder nicht« bis zum 17. Lebensjahr des Pflichtigen) unverehelicht geblieben war oder sich verehelicht hatte, in Untergruppen gegliedert. Infolge dieser Anordnung ist das Verhalten jeder Einzelgruppe in allen den untersuchten Beziehungen ersichtlich.

2. Richten wir zunächst auf das Datum der späteren Verehelichung der Mutter unser Augenmerk. Dasselbe zeigt nämlich die höchst wichtige Erscheinung an, *daß die Mutter einen anderen Mann als den Vater ihres unehelichen Kindes geheiratet hat.* Hätte nämlich die Mutter den natürlichen Vater ihres unehelichen Kindes geheiratet, so träte ipso jure die *Legitimation* des Kindes ein, und das Kind erschiene in der Stammrolle unter dem Namen seines Vaters und überhaupt als *eheliches* Kind. Allerdings ist zur Verwirklichung der Legitimation noch ein rechtlich-formaler Akt — die Beurkundung beim Standesamte — nötig, welcher aber, wie die Legitimationsstatistik lehrt, fast durchaus in den ersten Jahren nach der Geburt vorgenommen wird.[1]) In höheren Jahrgängen kommen Legitimationen nur mehr ganz vereinzelt vor. Im stellungspflichtigen Alter sind demnach so ziemlich *alle* Legitimationen auch formal vollzogen, und die legitimierten Unehelichen erscheinen in der Stammrolle alle unter den Ehelichen (wodurch auch gleichzeitig unsere Beobachtungsmasse von einer Gruppe gereinigt ist, die unserem Begriffe von Unehelichkeit nicht entspricht, denn die Legitimierten wachsen ja innerhalb einer normalen Familie auf). Die Gruppe derjenigen Unehelichen, deren Mütter als »später verehelicht« verzeichnet wurden, haben wir demnach aus solchen Müttern zusammengesetzt zu denken, die *andere* Männer als die Väter ihrer unehelichen Kinder geheiratet haben und damit eine Stiefvaterfamilie begründeten.

---

[1]) Nach Ertl verteilten sich die Legitimierten des Jahres 1886 in Österreich auf die verschiedenen Altersstufen folgendermaßen:

auf die Altersklasse	0—1	Jahr entfielen	26,27 %	aller Legitimierten
» » »	1—2	» »	17,32	» » »
» » »	2—3	» »	11,29	» » »
» » »	3—4	» »	7,81	» » »
» » »	4—5	» »	5,72	» » »
» » »	5—6	» »	6,44	» » »
» » »	6—10	» »	10,77	» » »
» » »	10—14	» »	4,77	» » »
	14 und darüber	»	9,68	» » »

Spätere Legitimationen kamen nur ganz vereinzelt vor und zwar:

1 Fall	mit 17	Jahren	8 Fälle	mit 22	Jahren
1 »	» 18	»	3 »	» 23	»
2 Fälle	» 19	»	6 »	» 24	»
5 »	» 20	»	3 »	» 25	»
5 »	» 21	»	6 »	» 26	»

Das höchste Alter war 1 Fall mit 34 Jahren. (Vgl. M. *Ertl*, »Uneheliche Geburt und Legitimation«, Statist. Monatsschr. XIII. Wien 1887. S. 426.) — Die Häufigkeit der Legitimationen nimmt also mit zunehmendem Alter stetig und rasch ab. Fast die Hälfte entfällt auf die ersten zwei Lebensjahre. Von den Legitimationen des 1. Lebensjahres entfällt relativ der größte Teil auf den 2. und 3. Lebensmonat. (Vgl. H. *Neumann*, »Die unehelichen Kinder in Berlin«, Jena 1900 S. 18, und *Böckhs* Legitimationstafel im Statist. Jahrb. der Stadt Berlin 1888 [für 1885] S. 41).

Mit der Bildung dieser Gruppe ist vielleicht die wichtigste Differenzierung der Masse der formal Unehelichen gewonnen. Für uneheliche Geburten-Massen mag die Gruppe derer mit Legitimations-Aussichten noch wichtiger sein. Für die erwachsenen Unehelichen aber, aus denen die Legitimierten ja schon verschwunden sind, kommt diese, der unserigen sehr verwandte Gruppe nicht mehr in Betracht. — Wir wollen uns im nachfolgenden den Vorfragen der möglichen funktionellen Bedeutung unserer Gruppe zuwenden.

Vorher sei noch das Bedenken, das sich zunächst aufdrängen mag, erledigt, daß die Stiefvaterfamilie unehelichen Ursprungs in größerer Ausdehnung überhaupt nicht vorhanden sei. Meines Wissens ist das Vorhandensein derselben jedoch in der Literatur bereits einmal, wenn auch nur flüchtig, konstatiert worden, nämlich von Rubin und Westergaard in ihrer berühmten »Statistik der Ehen«. Unter einer von ihnen untersuchten Masse von 208 Bräuten, welche uneheliche Kinder in die Ehe brachten, befanden sich 99 solche, die Kinder von einem anderen Manne als dem Bräutigam hatten; also heiratete fast die Hälfte jener unehelichen Mütter, die (innerhalb der Beobachtungsmasse Westergaards) überhaupt heirateten, einen anderen Mann als den Vater ihres unehelichen Kindes. (Vgl. »Statistik der Ehen«, Jena 1890, S. 38 und S. 128ff.). — Wir werden später auf anderer Grundlage zu einem ähnlichen Ergebnis kommen.

3. Unter den 579 unbestraften, hier geborenen Unehelichen (Tabelle I) sind nur 401, deren Beruf bekannt ist, und bei welchen allein auch die übrigen Angaben vollständig sind. Unter diesen 401 Unehelichen sind 130 solche, deren Mütter als »später verehelicht« verzeichnet waren, d. i. 32,4 %, also ca. 1/3 aller Fälle. Durch Zerlegung der Gesamtmenge von 401 nach dem Gesichtspunkte, ob die Mutter zur Zeit der Stellung noch lebte oder tot war, bezw. ob darüber nichts bekannt wurde, läßt sich ein genaueres Bild erzielen.

	Mutter war zur Zeit der Anmeldung		
	lebend	tot	unbek. ob lebd. od. tot
Mutter unverehelicht geblieben	141	69	61
Mutter verehelichte sich .	106	10	14
Summen	247	79	75

Diese Gruppen haben offenbar verschiedenen Wert. Unter den 79 Fällen, in denen die Mutter zur Zeit der Stellung des Unehelichen bereits verstorben war, wird gewiß eine größere Anzahl frühzeitig Verstorbener sich befinden, so daß bei diesen die Verheiratung nicht eintreten konnte; sie enthält in der Tat nur 12,7 % verehelichter Mütter. Stoßen wir diese Gruppe, die also das Ergebnis fälschen würde, aus, so befinden sich unter den verbleibenden 322 Unehelichen 120 solche, deren Mütter sich später verehelichten, d. i. 37,2 %. Der Prozentsatz erhöht sich also relativ bedeutend. Wir müssen aber weiter noch jene Fälle ausstoßen, in welchen unbekannt ist, ob die Mutter lebt. Zwar ist bei diesen (nach den Berichten des Standesamtes) zuverlässig angegeben, ob bis zum 17. Lebensjahr des Unehelichen die Mutter sich verehelichte, was uns ja genügen muß, aber da unter den 326 Fällen, in welchen bekannt ist, ob die Mutter lebt oder nicht, 79 d. i. 24,2 %, also etwa 1/4 Verstorbene sind, so müssen auch unter der Gruppe »unbekannt« viele der Mütter als verstorben angenommen werden. Da der Teil der Verstorbenen aber die Masse verfälscht, muß die ganze Gruppe ausgestoßen werden. Es verbleiben dann 247 Uneheliche, von denen 106 Mütter hatten, die sich später verehelichten, d. i. 42,9 %. Von den am Leben bleibenden unehelichen Müttern, deren Söhne das militärpflichtige Alter erreichen, und welche nicht die Väter ihrer unehelichen Kinder heiraten (Legitimationsheirat), verehelicht sich darnach fast die Hälfte mit anderen Männern als den natürlichen Vätern ihrer unehelichen Söhne. — Für jene unehelichen Mütter, deren Kinder nicht das militärpflichtige Alter erreichen, sondern frühzeitig sterben, muß die Verheiratungs-Wahrscheinlichkeit selbstredend noch größer sein als für diejenigen, deren Kinder — wie in unserer Beobachtungsmasse — am Leben bleiben. Daher läßt sich dieser Satz mit Recht folgendermaßen auf die unehelichen Mütter überhaupt erweitern: Von allen am Leben bleibenden unehelichen Müttern, welche nicht die Väter ihrer unehelichen Kinder heiraten, verehelicht sich ungefähr die Hälfte mit anderen Männern als den natürlichen Vätern ihrer unehelichen Kinder. — Welchen Zeitraum die Bestimmung »am Leben bleiben« umfaßt, läßt sich allerdings nicht genau angeben.

Dieses Ergebnis finden wir bestätigt, wenn wir die Masse der 1352 unbestraften Auswärtigen betrachten (Tabelle II). Unter diesen befinden sich im ganzen 599, deren Mütter sich später verehelichten, d. i. 44,3 %, also fast die Hälfte der Gesamtmasse (gegen ca. 1/3 bei den Hiesigen). Nehmen wir hier die gleiche Zerlegung wie oben vor, so ergeben sich folgende Zahlen:

	Die Mutter war zur Zeit der Anmeldung		
	lebend	tot	unbek. ob lebd. od. tot
Die Mutter blieb unverehelicht	464	246	43
Die Mutter verehelichte sich	546	41	12
Summen	1010	287	55

Bei Ausstoßung der unbekannten Fälle und der Verstorbenen ergeben sich unter 1010 lebenden Müttern 546, d. i. 54,0 %, also mehr als die Hälfte solcher, die sich nachher mit anderen Männern verheirateten (gegen 42,9 % bei den Hiesigen). Daß der Gehalt an verehelichten Müttern bei der Masse der Auswärtigen größer ist als bei der der Hiesigen, hängt zunächst damit zusammen, daß die erstere eine durch die Wirksamkeit der Wanderungsmotive gebildete Masse darstellt. Wie sich später noch zeigen wird, sind infolge dessen kränkliche und schwächliche Individuen in hohem Maße von der Wanderung ausgeschlossen. Daher ist von vornherein ein höherer Prozentsatz solcher Unehelicher, die in einer Stieffamilie aufgewachsen waren, zu erwarten. Auch ist es an und für sich verständlich, daß Stiefkinder eher die Familie verlassen. Indessen wird es vermutlich auch der Fall sein, daß auf dem Lande — woher sich ja die Zugewanderten meist rekrutieren — der tatsächliche Prozentsatz jener Mütter, welche sich nach der unehelichen Niederkunft mit einem anderen Manne als dem Vater ihres Kindes verheiraten, größer ist als in der Großstadt. Diese Annahme wird insbesondere auch dadurch nahegelegt, daß die Legitimationen — die ja eine verwandte Erscheinung bezeichnen — gleichfalls einen deutlichen Unterschied zugunsten des flachen Landes aufweisen. Es liegen hierüber Untersuchungen von Seutemann für Österreich vor.[1]) Darnach gelten für die Legitimationen von 1895 und 1896 folgende Zahlen:

Von 100 unehelich Lebendgeborenen wurden legitimiert:

in Linz	16,9	in Ober-Österreich	23,5
„ Salzburg (Stadt)	16,0	„ Salzburg	20,0
„ Graz	17,1	„ Steiermark	21,8
„ Klagenfurt	11,0	„ Kärnten	16,9
„ Laibach	17,3	„ Krain	24,8
„ Prag	14,6	„ Böhmen	34,8
„ Brünn	18,4	„ Mähren	25,3
„ Wien	21,2	„ Nieder-Österreich	31,5

Die Unterschiede zwischen den Hauptstädten und den Ländern (deren Sätze bei den agrarischen Ländern, wie Ober-Österreich etc., als Sätze des platten Landes angesehen werden können) sind also nicht unerheblich. Eine parallele Erscheinung ergibt sich, wenn die Legitimationssätze nach der Größe der Ortschaften geordnet werden. Für Österreich ohne Galizien und die Bukowina gelten 1895 und 1896 folgende Zahlen:

	In Ortschaften mit Einwohnern					
	bis 500	501 bis 2000	2001 bis 5000	5001 bis 10000	10001 bis 20000	über 20000
Unehel. Geborene (incl. Totgeborene	58514	47193	17301	8417	6830	57292
Legitimierte	15342	14712	5400	2442	1856	11037
Legitimierte in Prozenten der unehelich Geborenen	(26,2)	(31,1)	(31,2)	(29,0)	(27,2)	(19,2)

Diese Tabelle zeigt, daß die Legitimationsaussichten in den kleinsten Ortschaften (vielfach Einzelgüter mit viel Gesinde!) zwar relativ niedrig sind, in den größeren Dörfern und in den Landstädten (bis 5000 Einw.) aber ihren Höchststand zeigen. Der langsamen Abnahme in den kleineren Städten folgt dann ein rapides Sinken in den Städten über 20000 Einwohnern.

Endlich sei noch auf die weitere hierher gehörige Erscheinung hingewiesen, daß die unehelichen Säuglinge (nicht so immer die ehelichen)

[1]) Vgl. Seutemann, Statistische Monatsschr., Wien 1900 S. 43ff.

auf dem Lande eine fast durchaus erheblich geringere Sterblichkeit und einen geringeren Prozentsatz an Totgeburten haben wie in den Städten.[1]) Diese, übereinstimmend eine günstigere Lage der Unehelichen auf dem Lande dartuenden Erscheinungen bekräftigen den Schluß aus unseren Zahlen, daß auf dem Lande der Prozentsatz derjenigen unehelichen Mütter, die andere Männer als die Väter ihrer Kinder heiraten, größer sein dürfte als in der Stadt.

Wenden wir uns nun der näheren Frage zu, in welchem Sinne oder ob überhaupt bei den Kindern der später Stieffamilien begründenden Mütter von funktioneller Unehelichkeit gesprochen werden kann. Zur Entscheidung derselben wäre es zunächst wichtig zu wissen, wann die Verehelichung erfolgte. Nur wenn der Eintritt in die Familie in ganz früher Jugend stattfindet, wird im allgemeinen die Möglichkeit gegeben sein, von funktionell-normalen Entwicklungsbedingungen des Kindes zu sprechen.

Schon aus allgemeinen heiratsstatistischen Überlegungen heraus ist es wahrscheinlich, daß die in Rede stehende Verehelichung der unehelichen Mütter im allgemeinen nicht sehr lange nach der Geburt des Kindes erfolgen wird.[2]) Einen unmittelbaren Anhaltspunkt zur Beurteilung dieser Frage bietet in unserem Material das Datum der Namengebung.

---

[1]) Vgl. die eingehenden Untersuchungen hierüber von Dr. F. Prinzing »Die Kindersterblichkeit in Stadt und Land«, Jahrb. f. Nationalökonomie etc. III. F. XX (1900) S. 593 ff.

[2]) Nach den Untersuchungen Turquans (zitiert bei v. Mayr, Bevölkerungsstatistik, 1897, S. 416) betrug in Frankreich 1892 das Durchschnittsalter der Mutter bei der Geburt eines unehelichen Kindes 25 Jahre 9 Monate. Nach Taube (»Der Schutz der unehelichen Kinder in Leipzig«, Leipzig 1893 S. 15) verteilten sich 213 uneheliche Mütter gemäß ihrem Alter zur Zeit der Geburt folgendermaßen:

Alter	14—20	20—24	24—26	26—28	28—32	32—36	36—52
Anzahl der Geburten	9	71	52	30	32	11	8
% der Gesamtmenge	(4,2)	(33,3)	(24,4)	(14,1)	(15,1)	(5,1)	(3,8)

Für erstheiratende Frauen überhaupt gestaltet sich der Prozentanteil der Altersgruppen (nach Rollmann für Bayern 1880/85) folgendermaßen:

bis 20 Jahre	10,73
20—25 „	43,61
25—30 „	27,89
30—40 „	14,46
40—50 „	2,77
50—60 „	0,47
über 60 „	0,07

Ein unmittelbares Bild der Heiratsintensität der Erstheiratenden (Jungfrauen) nach Altersstufen gewährt die von R. Boeckh für Berlin 1876/80 berechnete »Verheiratungstafel der Jungfrauen«. Darnach verwandelt sich ein Grundstock von 1000 ledigen, 15 Jahre alten Mädchen (bei alleiniger Berücksichtigung des Abganges durch Heirat, nicht auch durch Tod) in Verheiratete

im 20. Lebensjahr	mit 94	Personen
„ 25. „	„ 434	„
„ 30. „	„ 677	„
„ 40. „	„ 811	„
„ 50. „	„ 838	„
„ 60. „	„ 842	„

Durch die »Namengebung« erhält das uneheliche Kind der Mutter den Namen ihres Ehegatten, wenn dieser nicht natürlicher Vater des Kindes ist. »Legitimation« hingegen — bei welcher ja gleichfalls das Kind den Namen des Ehegatten der Mutter erhält — tritt nur ein, wenn der Gatte gleichzeitig natürlicher Vater des Kindes ist. Die Namengebung unterscheidet sich von der Legitimation ferner dadurch, daß sie nicht ipso jure mit der Verheiratung eintritt, sondern zivilgerichtlich angestrebt werden muß. Vor dem Inkrafttreten des Bürgerlichen Gesetzbuches — in welche Zeit unsere Beobachtungsmasse fällt — mußte die Namengebung auf dem Verwaltungswege angestrebt werden.

Bei Unehelichen, die infolge gesetzlich bewirkter »Namengebung« den Namen ihres Stiefvaters führten, findet sich dies in der Stammrolle unter Angabe des Zeitpunktes, wann die Namengebung stattfand, verzeichnet. Unter den 130 hier geborenen unehelichen Stiefkindern, deren Beruf bekannt ist (von denen daher allein die Angaben als vollständig angenommen werden dürfen), befinden sich 29, welche den Namen ihres Stiefvaters gesetzlich erhielten, d. i. 22,3% Namengebungen, also etwa $^1/_5$—$^1/_4$ aller Fälle.

Was die Zugewanderten betrifft, so können dieselben zum Vergleiche schwer herangezogen werden, da sie eben keine organisch gebildete, sondern eine nach Wanderungsmotiven ausgewählte, also notwendig einseitig zusammengesetzte Masse darstellen. Das Datum der Namengebung kann daher höchstens für die Beurteilung jener Wanderungsmotive selbst Bedeutung haben. Unter den gesamten 599 Unehelichen, deren Mütter als später verehelicht verzeichnet sind (alle mit vollständigen Angaben), befinden sich nur 42, welche den Namen ihres Stiefvaters erhalten haben, d. i. 7,0%. Stoßen wir die Gruppen, deren Mütter tot sind und bei welchen unbekannt ist, ob die Mutter lebt oder nicht, aus, so sinkt merkwürdigerweise der Prozentsatz ein wenig. Unter der Gruppe von 546 Unehelichen mit lebenden, später verehelichten Müttern sind 34 Fälle von Namengebung, d. i. 6,2%. Die auswärts Geborenen weisen also einen 3- bis 4fach geringeren Prozentsatz von Namengebungen auf, als die hier Geborenen. Es hängt dies gewiß auch damit zusammen, daß ein erheblicher Teil der Zugewanderten aus Hessen stammt, wo (zu der Zeit, in die unsere Beobachtungsmasse fällt, näml. vor Einführung des Bürgerlichen Gesetzbuches) das uneheliche Kind den Namen seines Vaters trug, wenn dieser die Vaterschaft anerkannte, also eine Namengebung vielfach nicht stattfinden konnte. Andererseits wohl auch damit, daß auf dem Lande die formal-rechtlichen Schritte mehr gescheut werden.

Unter den gesamten 579 unbestraften Hiesigen sind im ganzen 31 Namengebungen, unter den 1352 Auswärtigen 42. Da sich die hiesigen und auswärtigen Namengebungen in Hinsicht auf den Zeitpunkt, in den sie fallen, ungefähr gleich verhalten müssen, sind sie diesbezüglich auch ohne weiteres vergleichbar.

Es entfielen von den Namengebungen der Hiesigen	Es entfielen von den Namengebungen der Auswärtigen
16 in das 1.—7. Lebensjahr des Kindes	19 in das 1.—7. Lebensjahr
4 „ „ 8.—14. „ „ „	14 „ „ 8.—14. „
5 „ „ 15.—21. „ „ „	9 „ „ 15.—21. „
6 in einen unbekannten Zeitpunkt	42
31	

Die Wahrscheinlichkeit der Verehelichung fällt also nach allen diesen Zahlen vom 30. Jahre an sehr stark ab. In der großen Mehrzahl der Fälle wird daher die Verehelichung der unehelichen Mütter mit einem dem Kinde blutsfremden Manne zwischen 20 u. 30 Jahren, d. h. gemäß dem durchschnittlichen Niederkunftsalter, nur wenige Jahre nach der Geburt erfolgen.

Ungefähr die Hälfte aller Namengebungen fällt also in das 1.—7. Lebensjahr des Kindes; dabei verhalten sich die Auswärtigen etwas ungünstiger als die Hiesigen. Die in das 1.—7. Lebensjahr fallenden Namengebungen verteilen sich wieder folgendermaßen:

	Bei den Hiesigen	Bei den Auswärtigen
1. Lebensjahr	1 Fall	2 Fälle
3. „	1 „	—
4. „	3 Fälle	2 Fälle
5. „	1 Fall	3 „
6. „	5 Fälle	7 „
7. „	5 „	5 „
	16	19

Es ist trotz der Kleinheit der Beobachtungszahlen deutlich ersichtlich und als typisch anzunehmen, daß die Mehrzahl der Fälle von Namengebungen in das 3.—7. Lebensjahr des Kindes fallt.[1]) Die Mutter verheiratet sich also zwar nicht ganz früh nach der (unehelichen) Niederkunft, aber doch nur wenige Jahre nachher. Dies ist auch begreiflich, denn das Ereignis der gescheiterten unehelichen Verbindung muß notwendig bereits einige Zeit zurückliegen, ehe die Mutter wieder zur Anknüpfung eines neuen, zur Heirat führenden Verhältnisses gelangen kann. Die in das spätere Lebensalter des Kindes (etwa nach dem Schulanfang) fallenden Namengebungen dürfen mit ziemlicher Sicherheit dennoch als Fälle angesehen werden, in denen im allgemeinen die Heirat gleichfalls in den Zeitpunkt der früheren Jugend des Kindes fällt. Denn der dem Kinde blutsfremde Ehegatte würde wohl dann, wenn das Kind der Familie schon entwächst oder entwachsen ist (Eintritt in die Lehre, in die Armee usw.), nicht mehr Anlaß nehmen, ihm seinen Namen zu geben, wäre es ihm bis dahin fremd gewesen. Daß solche späte Namengebungen dennoch relativ häufig vorkommen, hängt nur damit zusammen, daß nachlässige Eltern durch äußere Anlässe (Eintritt in die Lehre oder in eine höhere Schule, Anmeldung der Militärpflicht u. ä.) erst später dazu gebracht werden, nun das rechtlich-formal nachzuholen, was praktisch von jeher geübt wurde. Selbst bei den wenigen der obigen Fälle von Namengebungen, die in das 15.—20. Lebensjahr fallen, zeigt sich schon dieser Umstand. Es entfielen Namengebungen

Von den Hiesigen	Von den Auswärtigen
1 in das 15. Lebensjahr (Schulaustritt)	3 in das 16.—18. Lebensjahr
4 „ „ 19.—20. Lebensjahr (Anmeldung zum Militärdienst).	6 „ „ 19.—21. „
5	9

Die Anmeldung der Militärpflicht bildet also meistens den Anlaß zu diesen späteren Namengebungen.

[1]) Man erinnere sich hingegen der Legitimationen, die vorzugsweise in das erste Lebensjahr fallen und innerhalb des ersten Lebensjahres wieder im zweiten und dritten Monat am häufigsten sind.

Da einerseits dafür, daß die unehelichen Mütter noch in einem späteren Alter größere Heiratschancen hätten, gar nichts spricht, andererseits aber die Daten der Namengebung sowohl wie allgemeine heiratsstatistische Erwägungen das Gegenteil selbstverständlich erscheinen lassen, so dürfen wir annehmen, daß im weitaus größten Teil derjenigen Fälle, in welchen die unehelichen Mütter einen ihrem Kinde blutsfremden Mann heiraten, diese Heirat nur wenige Jahre nach der unehelichen Niederkunft stattfindet. Damit aber ist es gegeben, daß die betreffenden unehelichen Kinder im frühesten Jugendalter in eine Familie kommen und sonach ähnlich wie die Nachkommen bei normaler ehelicher Bevölkerungserneuerung ihre Entwicklung innerhalb einer Familie nehmen. Damit verwandelt sich die Erscheinung der Unehelichkeit in die Erscheinung der Stieffamilie, in unserem besonderen Fall in die Erscheinung der Stiefvaterfamilie unehelichen Ursprungs.

Bevor wir uns der Untersuchung ihrer funktionellen Eigenschaften — als Zwischenform zwischen funktioneller Unehelichkeit und funktioneller Ehelichkeit — zuwenden, sei noch kurz einer anderen wichtigen Differenzierung unserer Beobachtungsmasse gedacht.

III. Über die unehelichen Waisen.

Unseren Tabellen gemäß gliedern sich die Unehelichen im militärpflichtigen Alter, sofern bekannt ist, ob ihre Mütter leben oder tot sind, in ca. 3/4 solche, deren Mütter leben und ca. 1/4 solche, deren Mütter tot sind. Da aber in den letzteren Fällen der Zeitpunkt der Verwaisung nicht bekannt ist, so kann die Bedeutung dieses Datums zunächst nicht richtig erfaßt werden, jedoch ist anzunehmen, daß der größere Teil der betreffenden Mütter frühzeitig verstorben ist, was sich insbesondere an dem sehr geringen Prozentsatz solcher, die sich später mit einem ihrem Kinde fremden Manne verehelichten, zu erweisen scheint. Von den 247 hiesigen Stellungspflichtigen mit lebenden Müttern waren 42,9% Stiefkinder; von den 79 mit verstorbenen Müttern nur 12,7%.

Allem bisherigen gemäß gliedern sich die formal Unehelichen in folgende Gruppen. Zunächst sind zu unterscheiden: Die Stiefkinder und die ohne eigene Familie Aufwachsenden oder eigentlichen Unehelichen. Diese letzteren zerfallen wieder in Waisen und in solche, deren Mütter am Leben geblieben sind. Nehmen wir, um die Größenverhältnisse dieser Gruppen bestimmen zu können, alle jene Waisen als frühzeitig (und somit in einer für die Erziehung bedeutsamen Art) verwaist an, deren Mütter unverehelicht blieben — womit wir jedenfalls nicht sehr weit fehlgehen — so ergibt sich folgende Gliederung der Unehelichen im militärpflichtigen Alter: Unsere Beobachtungsmasse von Hiesigen (die Auswärtigen kommen nicht in Betracht), deren Beruf bekannt ist, enthält, sofern Leben oder Tod der Mutter bekannt ist, 35,6% Stiefkinder, nämlich 116 unter 326; sie enthält ferner — immer sofern Leben, oder Tod der Mutter bekannt ist — 69 Waisen, deren Mütter unverehelicht geblieben waren, und 141 solche Uneheliche, deren Mütter zwar am Leben aber unverehelicht blieben. Von der nach Abzug der Stiefkinder verbleibenden Gesamtsumme von 210 (141 + 69) machen jene 69 Waisen, 32,9%, die anderen 141, deren Mütter unverehelicht am Leben blieben, 67,1%. Demgemäß gliedert sich unsere Masse der nach Abzug eines reichlichen Drittels von Stiefkindern erübrigenden eigentlichen Unehelichen in ca. $^1/_3$ Waisen und ca. $^2/_3$ solche, deren Mütter unverehelicht am Leben geblieben sind.

Daß die Waisen in geistiger, sittlicher und körperlicher Hinsicht noch mehr gefährdet sind als die anderen, ist insofern a priori anzunehmen, als sie nicht von der öffentlichen Waisenpflege versorgt werden, d. h. in Waisenanstalten oder in Ziehfamilien erzogen werden. Für diese äußerst wichtige Differenzierung unserer Masse der Waisen haben wir aber leider keine Anhaltspunkte; jedoch wird man bei der wohlgeordneten Waisenpflege Frankfurts annehmen dürfen, daß der größere Teil der Waisen der öffentlichen Pflege unterliegt. Für die nach der Schulentlassung und nach eventueller Abwanderung Verwaisten gelten allerdings wieder besondere Verhältnisse. Im ganzen wird man, gemäß der Annahme daß die öffentlich Versorgten überwiegen, ein nicht besonders ungünstiges Verhalten der Gruppe der Waisen zu vermuten haben. — Wir können diese Gruppe im nachfolgenden nur so weit untersuchen, soweit dies der Vergleich mit der Stiefvaterfamilie erfordert.

In unserer Masse der unehelichen Waisen ist vermutlich auch ein Teil solcher Individuen enthalten, welche innerhalb einer Stiefmutterfamilie unehelichen Ursprungs aufwuchsen. Denn gerade in jenen Fällen, in welchen die uneheliche Mutter stirbt, wird der (uneheliche) Vater veranlaßt sein, sein Kind in eine Ehe hinüberzunehmen, die er nun natürlich mit einer dem Kinde blutsfremden Frau schließen muß. Diese Differenzierung kann an unserer Masse leider auf keine Weise ermittelt werden.

IV. Statistische Durchführung an den Beispielen der Tauglichkeits- und Berufsverhältnisse.

Wir wollen im nachfolgenden das in den Tabellen (S. 544/45) niedergelegte Material soweit einer Durchforschung unterziehen, soweit die exemplifikatorische Durchführung unseres methodologischen Gesichtspunktes dies erheischt. Demgemäß wollen wir uns auf die Heranziehung der Tauglichkeits- und Berufsverhältnisse beschränken und die sonstigen aufhellbaren Beziehungen — wie Dezimierung der zugehörigen Geburtenmassen bis zur Stellung durch Tod und Legitimation, Kriminalitätsverhältnisse, Bildungsverhältnisse — ganz beiseite lassen. Selbst die genannten ausgewählten Verhältnisse werden wir nur soweit untersuchen, als dies zu dem gegebenen Zwecke nötig ist, sodaß wir z. B. den Einfluß der Berufsgliederung auf die Tauglichkeitsverhältnisse unberücksichtigt lassen, ebenso den Vergleich der Tauglichkeit und Berufsgliederung der Ehelichen mit jener der Unehelichen möglichst einschränken u. ä.

Die Gesamtmenge der unehelichen Bevölkerung, deren Musterungsergebnis bekannt ist, beträgt bei den hiesigen Unbestraften 424. Diese verteilen sich auf die verschiedenen Tauglichkeitsgruppen folgendermaßen:

Musterungsergebnis	absolut	in Prozenten der Gesamtmasse
Tauglich	191	45,0
Ersatz-Reserve	97	22,9
Landsturm	96	22,7
Untauglich	40	9,4
	424	100,0

Zum Beweise dafür, daß die Kleinheit der Beobachtungsmasse es nicht hindert, diese Zahlen im wesentlichen als typisch anzusehen, seien nachfolgend die Ergebnisse für die drei untersuchten Jahrgänge der Ehelichen angeführt. Die Massen der einzelnen Jahrgänge sind zwar größer als oben, aber die Schwankungen vom Durchschnitt sind ziemlich geringe (Maximum 4,7 %), sodaß auch ein günstiger Rückschluß auf jene kleinere Masse gestattet ist, und dies umsomehr, als die obige Masse 12 Geburtsjahrgänge umfaßt, somit Unebenheiten ausgeglichen sind.

Musterungsergebnisse der unbestraften hiesigen Ehelichen.

Musterungsergebnis	Geburtsjahrg. 1879 [1]		1880 [1]		1881		Durchschnitt 1879/81	
	absolut	in %	absolut	in %	absolut	in %	absolut	in %
Tauglich	488	45,5	569	53,6	675	51,4	1732	50,2
Ersatz-Reserve	215	20,1	207	19,5	232	17,7	654	19,0
Landsturm	226	21,1	183	17,2	258	19,6	667	19,3
Untauglich	143	13,3	102	9,7	150	11,3	395	11,5
Summen	1072	100,0	1061	100,0	1315	100,0	3448	100,0

Aus dieser Gegenüberstellung der Daten für die Tauglichkeit der Unehelichen und der Ehelichen geht gleichzeitig hervor, daß die körperliche Tüchtigkeit der militärpflichtigen Unehelichen (im Durchschnitt aller Unehelichkeits-Gruppen), besonders bei Berücksichtigung der Ersatzreserve, eine nur wenig geringere ist, als die der Ehelichen. In Wirklichkeit sind nämlich diese Durchschnittsziffern noch günstigere (höhere), da, wie schon er-

[1]) Bei diesen Jahrgängen (1879 und 1880) wurden infolge Irrtums einer Hilfskraft bei der Anlage der Zählkarten alle mit Einjahrig-Freiwilligen-Berechtigung unter die Kategorie »Ausstand infolge einj.-freiw. Rechts« subsumiert, sodaß in obigen beiden Jahrgängen je ca. 100 zum Einjährigendienst Berechtigte berücksichtigt sind, trotzdem ihr Musterungsergebnis bekannt ist. Nach dem Jahrgang 1881 zu schließen, sind davon ca. 3/4 tauglich, sodaß also die Jahrgänge 1879 und 1880 einen relativ etwas herabgeminderten Prozentsatz Tauglicher haben. — Da dieses Verfahren, die Einjährig-Freiwilligen vom Vergleiche mit den anderen auszuschließen, insofern völlig korrekt ist, als vorzugsweise nur diejenigen von ihrem Recht, den Dienst aufzuschieben nicht Gebrauch machen, welche früher dienen wollen, also meist tauglich sind, und demgemäß die übrigen Zahlen fälschen, so wurde von einer nachträglichen Beseitigung dieser Ungleichmäßigkeit abgesehen. (Im Jahrgange 1881 verteilten sich die 118 zum einjährigen Dienst Berechtigten, deren Musterungsergebnis bekannt war folgendermaßen: Tauglich 84, Ersatz-Reserve 7, Landsturm 18, untauglich 9).

wähnt, in unserer Beobachtungsmasse von Unehelichen auch die Stellungsjahrgänge 1890—92 (Geburtsjahrgänge 1870—72) enthalten sind, in welchen der Prozentanteil der Tauglichen und Ersatz-Reservisten deswegen erheblich geringer ist, weil damals der Bedarf an Soldaten noch ein kleinerer war (ca. 35 % Tauglicher vor 1893, ca. 50 % Tauglicher seit 1893!).[1]) Diese Durchschnitte besagen übrigens nichts; wir müssen die Masse der Unehelichen nach den oben entwickelten Gesichtspunkten in Unehelichkeits-Gruppen auflösen.

Betrachten wir zunächst die verschiedenen Tauglichkeitsgruppen je nach ihrem Gehalte an Individuen mit unverehelicht gebliebenen und mit verehelichten Müttern, so ergibt sich folgendes Bild:

---

[1]) Es sei hier bemerkt, daß unsere Ergebnisse in scheinbarem Widerspruch zu den Ergebnissen einer von H. Neumann vorgenommenen Untersuchung über die Tauglichkeitsverhältnisse der Unehelichen Berlins stehen (»Die jugendlichen Berliner unehelicher Herkunft«, Jahrbücher f. Nationalökonomie, 1894, Bd. VIII S. 536 ff.). Neumann fand folgende Zahlen, die sich auf die in Berlin Geborenen beziehen:

	Ehelich 1869		Unehel. 1868, 1869, 1870	
	absolut	in %	absolut	in %
Tauglich	2065	31,5	251	30,2
Ersatz-Reserve	1126	17,2	170	20,5
Landsturm	2731	41,7	308	37,1
Untauglich	627	9,6	102	12,2
Summen	6549	100,0	831	100,0

Auch bei Neumann kommt also die körperliche Tüchtigkeit der Unehelichen der der Ehelichen ungefähr gleich, jedoch ist der Unterschied (wie es auch zu erwarten ist) noch geringer als bei uns. Die Ursache aber dafür, daß die Prozentsätze an sich so verschieden sind — ca. 30 % Taugliche bei N. gegenüber ca. 50 % bei uns — ist doppelter Art. Einmal sind die Tauglichkeitsverhältnisse zwischen der Berliner und Frankfurter Bevölkerung als verschieden anzusehen. Nach den offiziellen Veröffentlichungen der Ergebnisse des Heeresergänzungsgeschäfts (Vierteljahrshefte zur Statistik des deutschen Reiches, 1902 Heft 4 S. 211 und Statist. Jahrb. f. d. deutsche Reich 1890) verteilten sich je 100 endgültig abgefertigte Stelllungspflichtige auf die einzelnen Tauglichkeitsgruppen in den beiden Provinzen folgendermaßen:

	Tauglich		Ersatz-Res.	Ersatz-Res. u. Landst.	Landst.	Untauglich	
	1900	1889	1900	1889	1900	1900	1889
Brandenburg	47,6	33,2	10,0	59,9	34,5	7,6	6,7
Hessen-Nassau	56,1	38,6	20,6	54,2	14,7	8,4	7,0

Wie (bes. am Jahrgang 1900) ersichtlich, ist das Kontingent an Landsturmmännern in Brandenburg ein bedeutend größeres als in Hessen-Nassau, hingegen nehmen die Tauglichen und die Ersatz-Reservisten einen kleineren Anteil ein. Der andere Grund ist der, daß die Stellungsjahrgänge N.'s — 1888/90 — überhaupt noch nicht einen so großen Prozentanteil der Tauglichen (und damit auch der Ersatz-Reserve) zeigen, da erst durch das Gesetz vom 3. August 1893 der Präsenzstand der Armee erheblich vergrößert wurde.

Tauglichkeits-Gruppe	Anzahl	Von der nebenbezeichneten Position hatten verehelichte Mütter absolut	in %	Von der nebenbezeichneten Position hatten unverehel. Mütter absolut	in %
Tauglich	167[1])	67	40,1	100	59,9
Ersatz-Reserve	97	30	30,2	67	69,8
Landsturm u. untauglich	136	31	22,8	105	77,2

Je günstiger dies Musterungsergebnis, umso größer ist also der Prozentsatz an Stiefkindern; die reinen Unehelichen treten hingegen umso mehr hervor, je ungünstiger das Musterungsergebnis ist. Noch deutlicher zeigt sich dieses Verhältnis, wenn wir die Tauglichkeit der Stiefkinder für sich und die der übrigen Unehelichen für sich untersuchen. Die 128 Stiefkinder, bei denen das Musterungsergebnis bekannt ist, verteilen sich folgendermaßen auf die verschiedenen Tauglichkeitsgruppen:

Tauglich	67	d. i.	52,4%	der Gesamtmasse
Ers.-Res.	30	„ „	23,4 „	„ „
Landst.	22	„ „	17,2 „	„ „
Untaugl.	9	„ „	7,0 „	„ „
	128		100,0	

Die 272 mit bekanntem Musterungsergebnis, deren Mütter sich nicht mehr verehelichten, zeigen dagegen folgende Verteilung:

Tauglich	100	d. i.	36,8%	der Gesamtmasse
Ers.-Res.	67	„ „	24,6 „	„ „
Landst.	74	„ „	27,2 „	„ „
Untaugl.	31	„ „	11,4 „	„ „

Während also von den Stiefkindern über die Hälfte tauglich ist (52,4%), ist es von den außerhalb der Familie Erwachsenen bloß über $^1/_3$ (36,8%)! Damit, daß wir alle Stiefkinder allen außerhalb der Familie Erwachsenen gegenüberstellen, haben wir aber einen störenden Einfluß noch nicht ausgeschaltet: die Waisenkinder. Jene Stiefkinder, deren Mütter sterben, werden oft auch aus der Familie ausgestoßen werden und so funktioneller Unehelichkeit verfallen.

Stoßen wir die Gruppe aller Individuen, deren Mütter tot sind, aus, so ergibt sich jedenfalls reiner der Einfluß der Stieffamilie. Es sind unter den 104 Stiefkindern, deren Mütter am Leben blieben:

Tauglich	53	d. i.	51,0%	der Gesamtmasse
Ersatz-Reserve . .	25	„ „	24,0 „	„ „
Landst. u. untaugl.	26	„ „	25,0 „	„ „
	104		100,0	

Hingegen waren unter den 135 anderen, deren Mütter unverehelicht am Leben blieben:

Tauglich	44	d. i.	32,6%
Ersatz-Reserve . .	39	„ „	28,9 „
Landst. u. untaugl.	52	„ „	38,5 „
	135		100,0

[1]) Von den 191 Tauglichen der Tabelle I sind nur bei 167, deren Beruf bekannt ist, Angaben vorhanden. Die fehlenden 24 sind fast durchweg freiwillig Eingetretene, bei denen alle Angaben fehlen. In den anderen Tauglichkeitsgruppen sind die Wenigen, deren Beruf unbekant ist, einbezogen, da die anderen Angaben vorhanden sind.

Die sehr ungünstigen Tauglichkeitsverhältnisse jener Unehelichen, deren Mütter unverehelicht am Leben bleiben, treten also auf diese Weise noch etwas schärfer hervor (trotzdem der ungünstige Einfluß der verwaisten Stiefkinder doch nur ein geringer war). Es zeigt sich demnach, daß die Verehelichung der Mutter mit einem anderen Manne als dem natürlichen Vater ihres unehelichen Kindes für die körperliche Entwicklung des letzteren von durchschlagender Bedeutung ist. Die Tauglichkeitsverhältnisse der unehelichen Stiefkinder kommen denen der ehelichen durchaus gleich — beide enthalten ca. 50% Taugliche —, hingegen zeigen die anderen Unehelichen sehr ungünstige Musterungsergebnisse — bloß ca. 33% Taugliche. — Daß sich der Gesamtdurchschnitt aller Unehelichen (ca. 45% Taugliche) dem der Ehelichen (ca. 50% Taugliche) so sehr annähert, ist nur dem dominierenden Einfluß der Gruppe der Stiefkinder zu danken. Von den unehelichen Tauglichen ist fast die Hälfte (40,1%) in einer Stieffamilie aufgewachsen, von den Untauglichen und Landsturmmännern hingegen nicht einmal 1/4 (22,8%). Die Ersatz-Reserve, welche sich aus Mindertauglichen und aus überzähligen Tauglichen zusammensetzt, also hinsichtlich ihrer körperlichen Tüchtigkeit in der Mitte steht, zeigt den ziemlich genau die Mitte haltenden Prozentsatz an Stiefkindern von 30,2%.

Diese Ergebnisse berechtigen zu dem Schlusse, daß nur die eigentlichen Unehelichen körperliche Degeneration zeigen, daß die Stiefvaterfamilie unehelichen Ursprunges hingegen in Hinsicht auf die Darbietung der körperlichen Entwicklungsbedingungen keine Erscheinung funktioneller Unehelichkeit darstellt.

Wenden wir uns nun, um die Vergleichsbasis zu erweitern, kurz der Betrachtung der Waisenkinder zu. Es zeigt sich, daß diese eine Mittelstellung zwischen den Stiefkindern und denen, deren Mütter unverehelicht am Leben geblieben sind, einnehmen. Dies mag anfangs überraschen; es wird aber begreiflich, fast selbstverständlich, wenn man erwägt, daß unter ihnen wahrscheinlich der größere Teil unter der Obhut der öffentlichen Waisenpflege erzogen wurde, was bei den ausgebildeten Fürsorge-Einrichtungen Frankfurts besonders wahrscheinlich ist. Außerdem mag wohl auch öfters die Fürsorge von Anverwandten (Großmüttern etc.) eintreten. Ja von dem in der städtischen Waisenpflege aufgewachsenen Teile ist sogar zu vermuten, daß er den Stiefkindern und den Ehelichen in körperlicher Hinsicht gleichkommt, sodaß die Mittelstellung der ganzen Gruppe nur dem Einflusse eines Kontingentes halb und halb verwahrloster Waisenkinder zuzuschreiben sein mag, welche z. B. erst in relativ spätem Alter verwaisen, oder aus anderen Gründen (z. B. Abwanderung) der Waisenpflege nicht hinlänglich teilhaftig werden, das aber aus unserer Beobachtungsmasse in keiner Weise ausmittelbar ist.

Die Verteilung derjenigen, deren Mütter tot sind, ist bei den Hiesigen folgende:

Tauglich	33	d. i.	41,3%
Ers.-Res.	16	„ „	20,0 „
Landst.	21	„ „	26,2 „
Untaugl.	10	„ „	12,5 „
	80		100,0

Wenn wir aus dieser Masse diejenigen ausstoßen, deren Mütter als später verehelicht verzeichnet sind (die also wenigstens kurze Zeit hindurch Stiefkinder waren), ändert sich diese Verteilung ein wenig im ungünstigen Sinne. Die Zahlen sind folgende:

Die Waisen, deren Mütter unverehelicht geblieben waren, verteilten sich auf die Tauglichkeitsgruppen wie folgt:

Tauglich	26	d. i.	37,7 %
Ersatz-Reserve . .	14	" "	20,3 "
Landst. u. untaugl.	29	" "	42,0 "
	69		100,0

Ziehen wir die hiesigen ehelichen Halbwaisen zum Vergleiche heran. Diejenigen hiesigen Ehelichen, deren Väter oder Mütter tot waren, verteilten sich im Durchschnitt der Jahre 1879/81 wie folgt:

Tauglich	443	d. i.	44,2 %
Ers.-Res.	222	" "	22,2 "
Landst.	216	" "	21,5 "
Untaugl.	121	" "	12,1 "
	1002		100,0

Wie ersichtlich, zeigen die ehelichen Halbwaisen bezeichnenderweise dieselben Tauglichkeitsverhältnisse wie die Unehelichen im Gesamtdurchschnitte, d. h. die ehelichen Halbwaisen nehmen hinsichtlich ihrer körperlichen Tüchtigkeit eine günstige Mittelstellung zwischen den unehelichen Stiefkindern und den eigentlichen Unehelichen ein. Die ehelichen Vollwaisen für sich betrachtet, zeigen wieder dieselbe Gliederung wie die Ehelichen im Gesamtdurchschnitt, verhalten sich also besser als die Halbwaisen.

Im Durchschnitt der Jahre 1879/81 verteilen sich die hiesigen Ehelichen, deren Eltern tot sind, auf die Tauglichkeitsgruppen wie folgt:

Tauglich	85	d. i.	50,0 %
Ers.-Res.	31	" "	18,2 "
Landst.	40	" "	23,5 "
Untaugl.	14	" "	8,3 "
	170		100,0

Die etwas bessere Stellung der Vollwaisen gegenüber den Halbwaisen erklärt sich durch das kräftigere Einsetzen der öffentlichen Waisenpflege, bezw. auch der Anverwandten bei den ersteren. Aus eben diesem Grunde erklärt sich auch die erheblich schlechtere Stellung der unehelichen Waisen, welche, wie die oben angeführten Ziffern zeigen, eine etwas ungünstigere Mittelstellung zwischen den unehelichen Stiefkindern und den eigentlichen Unehelichen einnehmen, als die ehelichen Waisen im gesamten. Den unehelichen Waisen sind z. B. meist die vielen Stiftungen für Waisen verschlossen. Ebenso wird die Fürsorge von Verwandten viel weniger oft eintreten. Immerhin aber verhalten sich die unehelichen Waisen ausgeprägt günstiger wie die eigentlichen Unehelichen, sodaß wir zu dem ebenso beschämenden wie schließlich begreiflichen Ergebnisse kommen, daß es für die unehelichen Kinder besser ist, die Mutter stirbt, als sie bleibt am Leben, ohne sich zu verehelichen. Dies kann allerdings nur für die dem Säuglingsalter bereits entrückten Unehelichen gelten, da die in der Waisenpflege befindlichen Säuglinge (wegen der Unvollkommenheit der Anstaltsbehandlung) erfahrungsgemäß eine außerordentlich hohe Sterblichkeit haben und hier die durch die Mutter bewirkte Halte- oder sonstige Pflege weit vorteilhafter ist.[1])

Gehen wir nun zur Betrachtung der Masse der Zugewanderten über (Tabelle II auf S. 9). Diese zeigt nicht die gleichen, sogar mehrfach entgegengesetzte Eigenschaften, was dadurch zu erklären ist, daß die Zusammensetzung dieser Masse den Wanderungsmotiven ihrer Glieder entspringt. Bisher haben die Zugewanderten die Eigenschaften gezeigt, einen größeren Prozentsatz von Stiefkindern zu enthalten (44,3 % der Gesamtmasse gegen 32,4 %), aber darunter eine weit geringere Zahl von Namengebungen (ca. 22 % gegen ca. 7 %). Hinsichtlich ihrer körperlichen Tüchtigkeit wird sich zeigen, daß sie auch günstige Tauglichkeitsverhältnisse aufweisen, aber nicht infolge des größeren Gehaltes an Stiefkindern, denn die eigentlichen Unehelichen zeigen, für sich untersucht, etwa gleich günstige Verhältnisse. Wenn auch anzunehmen ist, daß die körperliche Tüchtigkeit der zuwandernden Landbewohner[2]) von Haus aus größer ist als die der Städter, so beweist doch die Verwischung der Unterschiede zwischen den einzelnen Gruppen, daß alle Eigenschaften derselben durch die Auswahl, welche die Wanderungsmotive bewirken, überdeckt werden. Die Wanderungsmotive können z. B. in den Bedürfnissen des Arbeitsmarktes, der viele körperlich schwere Berufe verlangt, beschlossen liegen. Jedenfalls charakterisieren sich diese Motive selbst wesentlich dahin, daß sie vorzugsweise gesunde und kräftige Individuen zusammenführen. — Nahe läge es auch zu vermuten, daß der Tod der Mutter auf die Wanderung von erheblichem Einflusse ist. Dieser Frage läßt sich statistisch nachgehen. Es zeigt sich aber, daß der Tod der Mutter als Wanderungsmotiv kaum in Betracht kommen kann, denn der Anteil der Verwaisten bei den Hiesigen und den Auswärtigen ist der gleiche. Betrachten wir jene Gruppe der auswärts Geborenen, deren Mütter sich nicht mehr verehelicht hatten, so waren unter 710 in 464 Fällen, d. i. 65,4 % die Mütter lebend, in 246 Fallen, d. i. 34,6 % die Mütter tot. Die Hiesigen zeigen analog folgende Gliederung:

Mutter lebend, unverehelicht	141,	d. i.	67.1 %
„ tot „	96,	„ „	32,9 „

Die Gliederung der Stiefkinder stimmt bei den auswärts und hier Geborenen gleichfalls überein. Sie war bei den auswärts Geborenen folgende:

Mutter lebend (verehel.)	546	d. i.	93,0 %
„ tot „	41	„ „	7,0 „

Bei den Hiesigen:

Mutter lebend (verehel.)	106	d. i.	91,4 %
„ tot „	10	„ „	8,6 „

Der Tod der Mutter spielt also als Wanderungsmotiv der Unehelichen jedenfalls keine bedeutendere Rolle.

---

[1]) Über die enorme Säuglingssterblichkeit in der Waisenpflege vgl. H. Neumann, Die unehelichen Kinder in Berlin, Jena 1900 S. 38 ff. Über seitherige Fortschritte in der Anstaltsbehandlung vgl. Dr. Finkelstein und Dr. Ballin, »Die Waisensäuglinge Berlins und ihre Verpflegung im städtischen Kinderasyl«. Berlin und Wien 1904.

[2]) Nach H. Bleicher (Statist. Beschreibung d. Stadt Frankfurt, II. Teil, 1895, S. 37) stammt der größere Teil der Militärpflichtigen des Geburtsjahrganges 1870 aus Landgemeinden.

Bei den Ehelichen, wo große Beobachtungsmassen zur Verfügung stehen, zeigt sich indessen doch ein dahin gehender, wenn auch nur sehr geringer Einfluß.

Unter den zur Anmeldung gekommenen hier geborenen Ehelichen mit den bezüglichen Angaben waren:

1879	unter	1215	62,5 %	deren beide Eltern leben
1880	"	1162	63,8 "	" " " "
1881	"	1380	63,9 "	" " " "
im Durchsch. von 1879/81	unter	3757	63,4 "	" " " "

Die auswärts geborenen Ehelichen hingegen zeigten im Jahre 1881 unter 3083 59,1 %, deren beide Eltern leben.

Spielt also der Tod der Eltern als Wanderungsmotiv nur eine geringe Rolle, so werden hauptsächlich unmittelbare wirtschaftliche Motive, die wieder durch die Bedürfnisse des Arbeitsmarktes[1]) charakterisiert sind, die Masse der Zugewanderten bestimmen. Diese wirtschaftlichen Motive werden aber in viel höherem Maße bei gesunden, als bei kränklichen und schwächlichen Individuen wirksam sein.

Bei den zugewanderten Ehelichen ist also der Prozentsatz derer, deren beide Eltern leben, doch merklich kleiner als bei den Hiesigen. Dies zeigt sich noch mehr bei den Vollwaisen, d. h. bei jenen, deren beide Eltern starben. Es seien die Zahlen hier noch angeführt:

Im Durchschnitt von 1879/81 waren unter den hier geborenen Ehelichen 5,1 % Vollwaisen.

Im Jahre 1881 waren unter den auswärts geborenen Ehelichen 8,1 % Vollwaisen.

Die Tauglichkeitsverhältnisse selbst sind bei den 953 auswärts geborenen Unehelichen, deren Musterungsergebnis bekannt ist, folgende:

Tauglich	561	d. i.	58,9 %
Ers.-Res.	175	" "	18,3 "
Landst.	158	" "	16,6 "
Untaugl.	59	" "	6,2 "
	953		100,0

Die körperliche Beschaffenheit der Zugewanderten ist also eine ausgesprochen bessere, als die der Hiesigen, denn diese zeigen im Durchschnitt einen Satz von 45 % Tauglichen (die Stiefkinder 52,4 %), während jene 58 % aufweisen und damit sogar die hiesigen Ehelichen (50,2 %) sowie die Stiefkinder übertreffen. Diese Tatsache der größeren körperlichen Tüchtigkeit der Zugewanderten hat, wie bereits hervorgehoben, darin ihren Grund, daß kränkliche und schwächliche Individuen in viel geringerem Maße wandern als die gesunden und kräftigen. Diese durch die Wanderung bewirkte Auswahl muß sich natürlich in gleicher Weise bei den zugewanderten Ehelichen zeigen, was in der Tat zutrifft:

Auswärtig geborene unbestrafte Eheliche mit bekanntem Musterungsergebnis.

	1881		1880	
	absolut	in %	absolut	in %
Tauglich	1181	58,9	982	62,5
Ersatz-Reserve	333	16,6	237	15,1
Landsturm	325	16,2	212	13,5
Untauglich	167	8,3	139	8,9
Summen	2006	100,0	1570	100,0

[1]) Vgl. unten die Anmerkung auf S. 30/31 und H. Bleicher, Statist. Beschreibung der Stadt Frankfurt, II. Teil, 1895, Kap. 2—5.

Dagegen sind die Durchschnitte 1879/81 der hier geborenen Ehelichen, wie schon einmal angeführt, folgende:

Musterungsergebnis	absolut	in %
Tauglich	1732	50,2
Ersatz-Reserve	654	19,0
Landsturm	667	19,3
Untauglich	395	11,5
Summen	3448	100,0

Die zugewanderten Ehelichen haben also gegenüber den hiesigen Ehelichen günstigere Musterungsergebnisse, und zwar weisen sie die gleichen Zahlen, wie die zugewanderten Unehelichen auf.[1])

[1]) An den günstigen Tauglichkeitsverhältnissen der Auswärtigen (wie auch aller Gruppen der hiesigen Unehelichen) hat auch die Eigentümlichkeit ihrer Berufsgliederung — nämlich das starke Hervortreten der Handwerke — einigen Anteil; da aber ihre Berufsgliederung gleichfalls durch den Einfluß der Wanderungsmotive zustande kommt, so brauchen wir dieselbe nicht unmittelbar zu berücksichtigen. Übrigens seien die auf die Unehelichen bezüglichen Zahlen in einer Relation hier angeführt.

Diejenigen Unehelichen, deren Musterungsergebnis und Beruf bekannt ist, zeigen folgende Berufsgliederung:

	Berufsgliederung überhaupt			
	Hier geboren		Ausw. geboren	
	absolut	in %	absolut	in %
Gelernte Arbeiter	231	59,84	650	68,85
Ungelernte Arbeiter	84	21,76	222	23,54
Handelsangestellte	51	13,23	63	6,67
Freie Berufe	11	2,84	5	0,52
Berufsvorbereitung	5	1,29	2	0,21
Selbständige	4	1,04	2	0,21
	386	100,00	944	100,00

	Berufsgliederung d. Tauglichkeitsgruppen d. vorstehenden Masse							
	Hier geboren				Auswärts geboren			
	Taugl.	Ers.-Res.	Landst.	Untaugl.	Taugl.	Ers.-Res.	Landst.	Untaugl.
Gelernte Arbeiter	64,07	54,25	60,—	54,28	71,76	67,81	63,92	57,14
Ungelernte Arbeiter	25,10	24,48	11,12	25,71	23,24	22,98	22,15	32,14
Handelsangestellte	5,98	18,08	21,11	14,28	4,49	8,04	12,65	7,14
Freie Berufe	1,19	3,19	4,44	5,73	0,17	1,17	0,64	1,79
Berufsvorbereitung	2,38	—	1,11	—	0,34	—	—	—
Selbständige	1,28	—	2,22	—	—	—	0,64	1,79
	100,00	100,00	100,00	100,00	100,00	100,00	100,00	100,00

Aus diesen Tabellen geht hervor, daß die ungelernten und gelernten Arbeiter einen größeren Anteil an den Tauglichen nehmen, als ihrem Anteil an der gesamten (Berufs-)Masse entspricht. Die kaufmännischen Berufe hingegen haben, besonders bei den hier Geborenen, einen bedeutend kleineren Anteil. Die Zahlen über die übrigen Berufe sind zu gering.

An dem dominierenden Einflusse der Wanderungsmotive liegt es auch, daß sich bei Auflösung der Masse der zugewanderten Unehelichen in Stiefkinder und eigentliche Uneheliche für beide dieser Gruppen ungefähr gleiche Verhältnisse ergeben. Ihre Verteilung auf die einzelnen Tauglichkeitsgruppen ist folgende:

Auswärts geborene Uneheliche mit bekanntem Musterungsergebnisse.

Musterungsergebnis	Von den Unehel. d. nebenbezeichneten Position war die Mutter			
	verehelicht		unverehelicht	
	absolut	in %	absolut	in %
Tauglich	253	58,7	308	59,0
Ersatz-Reserve	79	18,3	96	18,4
Landsturm	71	16,5	87	16,7
Untauglich	28	6,5	31	5,9
Summen	431	100,0	522	100,0

Die prozentuelle Verteilung der Stiefkinder und der anderen Unehelichen auf die Tauglichkeitsgruppen zeigt also so gut wie gar keine Unterschiede. Es muß daher angenommen werden, daß Kränklichkeit und Schwächlichkeit (in Verbindung mit den Berufsbedürfnissen des Arbeitsmarktes) das Wandern in so bestimmter Weise beeinflussen, daß die den einzelnen Gruppen an sich immanenten Eigenschaften nicht zur Geltung kommen können. In allen anderen Relationen zeigt sich gleichfalls die gleiche körperliche Tüchtigkeit der beiden Gruppen. So hinsichtlich des Gehaltes an Stiefkindern in den verschiedenen Tauglichkeitsgruppen:

Tauglichkeitsgruppe	Anzahl	Von der nebenbezeichneten Position hatten verehelichte Mutter		Von der nebenbezeichneten Position hatten unverehel. Mütter	
		absolut	in %	absolut	in %
Tauglich	561	253	45,1	308	54,9
Ersatz-Reserve	175	79	45,1	96	54,9
Landsturm u. untauglich	217	99	45,6	118	54,4

In beiden Massen enthalten also alle 3 Tauglichkeitsgruppen die gleiche Anzahl an Stiefkindern (während bei den hier Geborenen die Tauglichen 40%, Landsturm und Untaugliche nur 22,8% enthalten).

Auch wenn wir die Verteilung jener Unehelichen, deren Mütter am Leben blieben, nach ihren Musterungsergebnissen für sich betrachten, zeigen sich keine nennenswerten Unterschiede, ja, die Stiefkinder sind sogar eher im Nachteil:

Es waren unter den 393 auswärtigen Unehelichen, deren Mütter am Leben blieben und sich verehelichten.

Tauglich	228	d. i.	58,0%
Ersatz-Reserve . .	75	„ „	19,1 „
Landst. u. untaugl.	90	„ „	22,9 „
	393		100,0

Hingegen unter den 319 auswärtigen Unehelichen, deren Mütter am Leben aber ledig blieben:

Tauglich	189	d. i.	59,2 %
Ersatz-Reserve . .	59	„ „	18,5 „
Landst. u. untaugl.	71	„ „	22,3 „
	319		100,0

Eine Parallele mit den auswärtigen Ehelichen läßt unser Material leider nicht zu, da eine Handhabe zur Unterscheidung von Stiefkindern nicht gegeben ist.

Werfen wir noch einen Blick auf die auswärtigen unehelichen Waisenkinder, so zeigen sich hinsichtlich deren körperlicher Tüchtigkeit die gleichen Verhältnisse wie bei den bisher untersuchten Gruppen der auswärtigen Unehelichen.

Waisen überhaupt:

	absolut	in %
Tauglich	126	60,3
Ers.-Res.	37	17,7
Landst.	30	14,4
Untaugl.	16	7,6
	209	100,0

Waisen, deren Mütter ledig geblieben waren:

	absolut	in %
Tauglich	106	59,2
Ers.-Res.	34	19,0
Landst. u. untaugl.	39	21,8
	179	100,0

Bei Ausschaltung der in der Gruppe der Waisen überhaupt enthaltenen Stiefkinder ändern sich, wie ersichtlich, die Zahlen nicht (denn die Verringerung des Anteils der Tauglichen um 1,1 % wird durch eine entsprechende Erhöhung des Anteils der Ersatz-Reservisten, die ja gleichfalls körperlich tüchtig sind, wettgemacht).

Hier ist übrigens eine Parallele mit den auswärts geborenen Ehelichen möglich, welche hier in einer Relation durchgeführt sei.

Jene auswärts geborenen Ehelichen des Jahrganges 1881, deren Musterungsergebnis bekannt ist und deren Väter, Mütter oder beide Eltern zur Zeit der Stellung tot waren, verteilten sich auf die Tauglichkeitsgruppen folgendermaßen:

Tauglich	466	d. i.	56,2 %
Ers.-Res.	141	„ „	17,0 „
Landst.	146	„ „	17,6 „
Untaugl.	76	„ „	9,2 „
	829		100,0

Die auswärts geborenen ehelichen Vollwaisen des Jahres 1881 (beide Eltern tot) zeigen hingegen folgende bezeichnenderweise etwas bessere Verteilung:

Tauglich	98	d. i.	56,3 %
Ers.-Res.	35	„ „	20,1 „
Landst.	27	„ „	15,5 „
Untaugl.	14	„ „	8,1 „
	174		100,0

Dagegen verteilten sich diejenigen auswärtigen Ehelichen des Jahres 1881, deren beide Eltern lebten, folgendermaßen:

Tauglich	714	d. i.	60,9 %
Ers.-Res.	192	„ „	16,4 „
Landst.	176	„ „	15,0 „
Untaugl.	91	„ „	7,7 „
	1173		100,0

Nach diesen Zahlen scheinen die halb und ganz Verwaisten bei den ehelichen Zugewanderten doch etwas ungünstigere Tauglichkeitsverhältnisse aufzuweisen, als die Masse derer, deren Eltern leben. Der überdeckende Einfluß der durch die Wirksamkeit der Wanderungsmotive gegebenen Auswahl ist übrigens auch hier ein ungeschwächter, denn die zugewanderten ehelichen Waisen zeigen nicht nur günstigere Tauglichkeitsverhältnisse als die hiesigen ehelichen Waisen (bei welchen im Jahre 1881 waren: Tauglich 44,0%, Ersatz-Reserve 21,1%), sondern insbesondere auch als die hiesigen Ehelichen überhaupt (im Jahre 1881: Tauglich 51,4%, Ersatz-Reserve 17,7%).

Zur Führung des Beweises dafür, daß die ganze bisherige Argumentation durch das neutrale Verhalten der unterschiedenen Unehelichkeitsgruppen bei den Zugewanderten nicht etwa umgestoßen wird, sowie zur Bestimmung des sozialen Funktionswertes derselben in anderer als *körperlich-erziehlicher* Hinsicht, müssen wir noch kurz auf die *Berufsverhältnisse* eingehen.

Die 401 hier geborenen Unehelichen mit Berufsangaben zeigen im ganzen folgende Berufsgliederung:

Gelernte Arbeiter (Professionisten) .	236	d. sind	58,9 %	der Gesamtmasse.
Ungelernte Arbeiter	88	„	22,0 „	„ „
Handelsangestellte und gelernte Berufe im Handel überhaupt	55	„	13,7 „	„ „
Freie Berufe, private u. öffentl. Beamte	11	„	2,7 „	„ „
In Berufsvorbereitung (Lehrlinge, Studenten, Volontäre etc.)	7	„	1,7 „	„ „
Selbständige (auch Hausierer) . . .	4	„	1,0 „	„ „
	401		100,0	

Diese Masse teilt sich in 130 Stiefkinder und 271 solche, deren Mütter unverehelicht blieben. Die Stiefkinder, welche sich wieder in Stiefkinder überhaupt und solche, deren Mütter am Leben blieben und sich verehelichten, gruppieren lassen, zeigen folgende Berufsgliederung:

Beruf	Stiefkinder überhaupt		Stiefkinder, deren Mütter am Leben blieben	
	absolut	%ell	absolut	%ell
Gelernte Arbeiter	83	63,8	65	61,3
Ungelernte „	22	16,9	19	17,9
Handelsangestellte etc.	17	13,1	} 22	20,8
Freie Berufe, Berufsvorbereitung u. Selbständige	8	6,2		
Summen	130	100,0	106	100,0

Von den geringen Schwankungen zwischen diesen beiden Gruppen der Stiefkinder können wir absehen. Wie ersichtlich, ist ihre Berufsgliederung deutlich günstiger, als die des Gesamtdurchschnittes. In das rechte Licht treten die Zahlen aber erst, wenn sie denen der eigentlichen Unehelichen gegenübergestellt werden.

	Berufsgliederung jener, deren Mütter unverehelicht blieben		deren Mütter unverehelicht und am Leben blieben	
	absolut	in %	absolut	in %
Gelernte Arbeiter . . .	153	56,5	73	51,8
Ungelernte „ . . .	66	24,4	32	22,7
Handelsangestellte etc. .	38	14,0	Sonstige Berufe } 36	25,5
Freie Berufe, Berufsvorbereitg. u. Selbständige	14	5,1		
Summen	271	100,0	141	100,0

Die Stiefkinder zeigen also eine wesentlich günstigere Berufsgliederung als die eigentlichen Unehelichen, deren Mütter unverehelicht blieben. Während die ersteren nur ca. 17% ungelernte Arbeiter aufweisen, weisen die letzteren ca. 24% solcher auf. Der tatsächliche Unterschied zwischen den beiden Gruppen ist aber noch größer, als der Abstand der angeführten Prozentsätze erkennen läßt, denn er liegt auch in der Qualität des Handwerkes, das die »Gelernten« ausüben. Darauf können wir indessen hier nicht eingehen. Sehen wir, in welchem Verhältnis diese Zahlen zu jenen der Ehelichen stehen. Die hier geborenen Ehelichen zeigen, sofern ihr Beruf bekannt war, im Durchschnitt der drei Geburtsjahrgänge 1879/81 folgende Berufsgliederung:

	absolut	in %
Gelernte Arbeiter . . .	1751	45,0
Ungelernte „ . . .	476	12,2
Handelsangestellte etc. .	1197	30,7
Freie Berufe etc. . . .	162	4,2
Berufsvorbereitg. . . .	282	7,2
Selbständige	27	0,7
Summen	3895	100,0

Die Ehelichen zeigen also eine noch erheblich günstigere Berufsgliederung, als die Stiefkinder, was sich hier gleichfalls nicht nur an dem geringeren Prozentsatz ungelernter Arbeiter zeigt, sondern sich noch auf die Qualität der erlernten Berufe erstreckt. Jedenfalls aber nehmen die Stiefkinder eine günstige Mittelstellung zwischen den Ehelichen und den eigentlichen Unehelichen ein. Der Anteil der ungelernten Arbeiter an der Gesamtheit der beruflich Tätigen beträgt bei den Ehelichen ca. 12, bei den Stiefkindern ca. 17, bei den eigentlichen Unehelichen ca. 24%. Die Stellung der Stiefkinder kommt aber dann der der Ehelichen ungefähr gleich, wenn wir die Verhältniszahlen der ungelernten Arbeiter zu den gelernten Arbeitern ins Auge fassen. Da kommen bei den

Ehelichen	auf 1751 gelernte	476 ungel. Arb.,	d. i. auf	100 gelernte	27,18 ungel. Arb.
Stiefkindern überhaupt	„ 83	„ 22	„ „ „ „	100	„ 26,51	„ „
Stiefkindern, deren Mütter am Leben blieben	„ 65	„ 19	„ „ „ „	100	„ 29,23	„ „
Unehelichen, deren Mütter unverehelicht blieben . .	„ 153	„ 66	„ „ „ „	100	„ 43,13	„ „
Unehelichen, deren Mütter ledig und am Leben blieben	„ 73	„ 32	„ „ „ „	100	„ 43,83	„ „ [1])

[1]) Auf 100 männliche gelernte Arbeiter kommen nach der deutschen Berufs- und Ge-

Diese Zahlen sind zur Bestimmung des Verhältnisses der Stiefkinder zu den Ehelichen in Hinsicht auf ihre Berufsbildung viel bedeutsamer als die Zahlen für die Berufsgliederung als solche. Denn die militärpflichtigen Ehelichen entstammen allen Ständen, und es treten daher bei ihnen die höheren Berufe in der Gesamt-Berufsgliederung mehr hervor, die gelernten und ungelernten Arbeiter dafür zurück. Die unehelichen Stiefkinder können aber unmöglich dieselbe Gliederung zeigen, weil sie im allgemeinen nur den unteren Klassen angehören. Demgemäß kann nicht ihre Berufsgliederung überhaupt — worunter der Anteil der höheren Berufe —, sondern nur das bei ihnen vorhandene Verhältnis der gelernten zur ungelernten Arbeit mit den Ehelichen verglichen werden. Dieses ist aber, wie wir sahen, im wesentlichen dasselbe wie bei den Ehelichen. Daß die Stiefkinder unehelichen Ursprungs im allgemeinen den unteren Klassen angehören, beweist die Berufsgliederung der unehelichen Mütter Frankfurts. Diese war im Durchschnitt der Jahre 1890/1903 folgende:[1])

Beruf der Mütter	In den nebenbezeichneten Positionen wurden unehelich lebend geboren	
	absolut	in Prozenten der Gesamtmenge
1. Dienstmädchen, Stubenmädchen etc.	3902	33,9
2. Haushälterinnen, Köchinnen etc.	977	8,5
3. Aufwartefrauen, Monatsmädchen etc.	149	1,3
4. Arbeiterinnen (meist ohne nähere Bezeichnung des Gewerbes)	1740	15,1
5. Abhängige im Bekleidungs- und Reinigungs-Gewerbe (Näherinnen, Wäscherinnen etc.)	2182	19,1
6. Abhängige i. Handel (Verkäuferinnen, Kontoristinnen etc.)	554	4,8
7. Beruflose (Haustöchter etc.)	1556	13,5
8. Rest	466	3,8
	11526	100,0

werbezählung von 1895 in der Industrie 47,74 ungelernte Arbeiter, in Handel und Verkehr (ohne Post-, Telegraphen- und Eisenbahn-Betriebe) 216,48. In unserer Masse der hiesigen Unehelichen hingegen kommen auf 236 gelernte 88 ungelernte, d. i. auf 100 gel. nur 37,28 ungel. Arbeiter. Demnach wäre das Verhältnis der gelernten zur ungelernten Arbeit bei unseren Unehelichen sehr günstig. Dies ist aber nur scheinbar der Fall, denn die mit ungelernten Arbeiter stark belasteten Industriezweige — wie chemische Industrie, Industrie der Steine und Erden, Leuchtstoffe, Fette, Öle, Bergbau etc. — sind auf Frankfurter Boden nur sehr wenig vertreten. In den hier vorherrschenden Produktionszweigen, wie Metallverarbeitung, Gärtnerei, bankmäßiges Handelsgewerbe oder den bürgerlichen Gewerben, wie Schneider-, Schuhmacher- etc. Gewerbe, wird weniger ungelernte Arbeit gebraucht. Daher sind die angeführten Reichsdurchschnitte für uns bedeutungslos — abgesehen von dem Mißtrauen, das man ihnen wegen ihrer mangelhaften methodischen Unterlagen entgegenzubringen hat. Wir können uns nur an das Verhältnis der hiesigen Unehelichen zu den hiesigen Ehelichen halten. (Darüber vgl. Rauchberg »Die Berufs- und Gewerbezählung im deutschen Reich« Berlin, 1901 S. 86 ff.; über die Berufsgliederung der Frankfurter männlichen Bevölkerung von über 15 Jahren vgl. H. Bleicher, Statistische Beschreibung der Stadt Frankfurt, II. T. 1895 S. 12 ff.).

[1]) Diese Zahlen entstammen einer vom Verfasser unternommenen statistischen Untersuchung über uneheliche Geburten in Frankfurt a. M., welche demnächst in dieser Zeitschrift veröffentlicht werden wird. Das Urmaterial hierüber verdanke ich gleichfalls Herrn Prof. Dr. H. Bleicher.

Die Klasse der häuslich Dienenden (Position 1—3) und der Arbeiterinnen (Position 4—5) nimmt also den größten Raum unter den unehelichen Müttern ein. Da die meisten dieser Mütter berufs- oder wenigstens standesgleich heiraten,[1]) so gehört auch die Masse unserer unehelichen Stiefkinder den unteren Klassen an. Die Stieffamilie hat aber dann ihre Aufgabe erfüllt, wenn sie innerhalb der gesellschaftlichen Sphäre, in der sie funktioniert, keine Degenerationserscheinung hervorruft, d. h. dasselbe leistet, wie die rein eheliche Familie. Da nun die Stiefkinder unehelichen Ursprunges hinsichtlich der Berufsgliederung dasselbe Verhältnis zwischen ungelernter und gelernter Arbeit zeigen wie die ehelich Geborenen und Erzogenen, so stellt die Stiefvaterfamilie in dieser ihrer Funktion innerhalb ihrer gesellschaftlichen Sphäre einen normalen Prozeß der Bevölkerungserneuerung her. Der soziale Funktionswert der Stiefvaterfamilie unehelichen Ursprungs ist demgemäß nicht nur im Hinblick auf ihre körperliche Erziehungsleistung, sondern auch im Hinblick auf ihre wirtschaftliche Erziehungsleistung — wie man die Ausbildung zu einem Berufe nennen kann — der der ehelichen Familie wesentlich gleich.

Die eigentlichen Unehelichen hingegen zeigen den Ehelichen, bezw. den diesen gleichkommenden Stiefkindern gegenüber ein so ungunstiges Verhältnis der ungelernten zur gelernten Arbeit, daß von einem beruflichen Hinabsinken, einer beruflichen Degeneration geredet werden muß.

Ziehen wir noch die auswärts geborenen Unehelichen zum Vergleich heran. Dieselben zeigen, sofern ihr Beruf bekannt ist, im Gesamtdurchschnitt folgende Berufsgliederung:

Gelernte Arbeiter	931	d. i.	70,3 %	der Gesamtmenge
Ungelernte „	293	„	22,1 „	„
Handelsangestellte etc.	85	„	6,4 „	„
Freie Berufe etc.	9	„	0,7 „	„
In Berufsvorbereitung	4	„	0,3 „	„
Selbständige	3	„	0,2 „	„
	1325		100,0	

Gegenüber den hiesigen Unehelichen (s. o. S. 29) zeigt diese Tabelle bei gleichem Gehalt an ungelernten Arbeitern (22,1% gegen 22,0%) ein stärkeres Hervortreten der getrennten Handwerke (70,3 gegen 58,9%) und ein Zurücktreten der Handels- und freien Berufe.

Unserer früheren Annahme gemäß, daß körperliche Gesundheit in durchschlagender Weise die Auswahl der Zuwandernden bestimmt, wird in der Berufsgliederung der auswärtigen Unehelichen eine Abschwächung des Unterschiedes zwischen den Stiefkindern und den anderen Unehelichen zu erwarten sein. Im Punkte der körperlichen Tüchtigkeit (Tauglichkeit) mußte der Unterschied zwischen diesen Gruppen durch die unmittelbare auswählende Wirkung der Wanderung ganz verdeckt werden; hinsichtlich der Berufsgliederung kann aber jenes auswählende Prinzip nur mittelbar

[1]) Für Österreich nachgewiesen von v. Inama-Sternegg »Das soziale Konnubium in den österr. Städten«, Statist. Monatsschr. Wien 1898; vgl. ferner v. Fircks, Bevölkerungslehre und Bevölkerungspolitik. Lpz. 1898. 211ff.

wirksam sein, und es wird daher den natürlichen Unterschied der beiden Gruppen nicht völlig beseitigen können. Indem hauptsächlich gesunde und kräftige Individuen zur Wanderung kommen, werden eben aus allen Berufen die gesunden Individuen ausgewählt, wenn auch die günstigeren Berufe dadurch einen natürlichen Vorsprung erlangen werden, weil sie mehr Individuen abgeben können. So wird insbesondere das stärkere Hervortreten der gelernten Arbeit verständlich. Natürlich ist dieser Vorgang nur auf der Grundlage der Bedürfnisse des Arbeitsmarktes möglich.

Die zugewanderten Stiefkinder zeigen folgende Berufsgliederung:

Beruf	Stiefkinder überhaupt		Stiefkinder, deren Mütter am Leben blieben	
	absolut	In %	absolut	in %
Gelernte Arbeiter . .	423	71,8	389	72,2
Ungelernte „ . .	120	20,4	112	20,8
Handelsangestellte etc.	42	7,1	38	7,0
Sonstige Berufe . . .	4	0,7		
Summen	589	100,0	539	100,0

Diejenigen mit unverehelicht gebliebenen Müttern zeigen folgende Berufsgliederung:

Beruf	Mutter unverehelicht		Mutter unverehelicht und am Leben	
	absolut	in %	absolut	in %
Gelernte Arbeiter . . .	498	68,6	318	69,0
Ungelernte „ . . .	173	23,8	108	23,4
Handelsangestellte etc. .	43	5,9	35	7,6
Sonstige Berufe	12	1,7		
Zusammen	726	100,0	461	100,0

Die Berufsgliederung der Stiefkinder ist also ganz deutlich eine günstigere als die der anderen, jedoch ist der Unterschied nicht so groß, wie bei den hiesigen Unehelichen (wo die Stiefkinder nur ca. 17, die anderen aber ca. 24% ungelernter Arbeiter enthielten). Die erwartete indirekte Auswahl der Wanderungsmotive hat also den Einfluß der Stieffamilie, der übrigens zum andern Teile noch in der Qualität der erlernten Handwerke beschlossen liegt, in der Tat nicht zu überdecken vermocht.

Aus dem Umstande, daß die zugewanderten Unehelichen und die hiesigen Unehelichen, wie wir zuvor sahen, ungefähr den gleichen Prozentanteil ungelernter Arbeiter zeigen, die ersteren gleichzeitig aber einen weit größeren Anteil an gelernten Arbeitern aufweisen, geht hervor, daß die ungelernten Arbeiter, als Bestandteil einer geschlossenen, wanderungsfähigen, auswärtigen Bevölkerung gedacht, in geringerem Maße zur Wanderung nach Frankfurt gelangen können, als die gelernten Arbeiter; denn sonst dürfte der Anteil der letzteren innerhalb der Gesamt-Berufsgliederung nicht so dominierend sein. Die Ursache hierfür wird in erster Linie an den Bedürfnissen des hiesigen Arbeitsmarktes zu suchen sein. Für uns folgt aber aus jener Tatsache, daß ein Vergleich der zugewanderten unehelichen Stiefkinder mit den zugewanderten Ehelichen nicht nur keine Gleichartigkeit der Berufsgliederung überhaupt, sondern auch keine Gleichartigkeit des Verhältnisses von gelernter und ungelernter Arbeit wird ergeben können. Selbst in diesem Verhältnisse müssen sich offenbar die Stiefkinder schlechter verhalten als die Ehelichen; denn innerhalb der letzteren wird die gelernte Arbeit schon deswegen in relativ noch gesteigertem Maße vertreten sein müssen, weil ihre große Anzahl dem Frankfurter Arbeitsmarkt die nötige Auswahl gewährt. Ferner wirkt auch der Umstand hier ein, daß bei den auswärtigen Ehelichen (als geschlossene, wanderungsfähige Bevölkerung gedacht) alle sozialen Schichten vertreten sind, und daher auch die Stellen der besseren, eine kostspieligere Ausbildung erfordernden Handwerke, die der Frankfurter Arbeitsmarkt bietet, den Stiefkindern viel weniger zugänglich sind.

Die Zahlen hierüber sind folgende:

Beruf	Auswärtsgeborene Eheliche 1880		1881	
	absolut	in %	absolut	in %
Gelernte Arbeiter . . .	2056	71,7	2141	69,4
Ungelernte „ . . .	342	11,9	387	12,5
Handelsangestellte etc. .	429	15,0	451	14,6
Freie Berufe	32	1,1	76	2,5
Berufsvorbereitung . .	4	0,2	22	0,7
Selbständige	3	0,1	9	0,3
Zusammen	2866	100,0	3086	100,0

Die Verhältnisse zwischen gelernter und ungelernter Arbeit sind dann folgende: Bei den auswärts Geborenen

unehel. Stiefkindern überhaupt	kommen	auf 423	gel. 120	ungel. Arb., d. i.	auf 100	Gel. 28,36	Ungel.
unehel. Stiefkinder mit lebenden Müttern . .	„	„ 389	„ 112	„ „ „	„ 100	„ 28,79	„
Unehelichen mit ledigen Müttern	„	„ 498	„ 173	„ „ „	„ 100	„ 34,73	„
Unehelichen mit ledigen und lebenden Müttern	„	„ 318	„ 108	„ „ „	„ 100	„ 33,96	„
Ehelichen des Jahres 1881	„	„ 2141	„ 387	„ „ „	„ 100	„ 18,07	„
„ „ „ 1880	„	„ 2056	„ 342	„ „ „	„ 100	„ 16,63	„

Das Verhältnis zwischen gelernter und ungelernter Arbeit ist also bei allen Gruppen der Zugewanderten günstiger, als bei jenen der Hiesigen; bei den ehelichen Zugewanderten aus den erörterten Gründen weitaus am günstigsten. Hingegen sind sie hinsichtlich ihrer Gesamt-Berufsgliederung den Hiesigen gegenüber im Nachteil, da die kaufmännischen und die höheren Berufe bei ihnen viel weniger vertreten sind.

Werfen wir zum Schluß noch einen Blick auf die Berufsgliederung der unehelichen Waisen.

Von den hier geborenen unehelichen Waisen ist der Beruf bei 79 bekannt, davon sind

gelernte Arbeiter . .	52	d. i.	65,8 %
ungelernte „ . .	20	„	25,3 %
mit sonstigen Berufen	7	„	8,9 %
	79		100,0 %

Stoßen wir die darin enthaltenen ehemaligen Stiefkinder (10 an der Zahl) aus, so erhalten wir um eine Nuance ungünstigere Zahlen.

Von den Waisen, deren Mütter unverehelicht blieben, waren;

gelernte Arbeiter . .	45	d. i.	65,2 %
ungelernte „ . .	18	„	26,1 %
mit sonstigen Berufen	6	„	8,7 %
	69		100,0 %

Die Berufsgliederung der unehelichen Waisen ist nach diesen Zahlen ungünstiger als die aller anderen Gruppen der hiesigen Unehelichen, denn diese zeigten (wie seinerzeit mitgeteilt) folgende Verhältniszahlen:

	Gesamt-Durchschnitt der hiesigen Unehelichen %	Stiefkinder, deren Mütter am Leben blieben %	Uneheliche, deren Mütter ledig u. am Leben blieben %
Gelernte Arbeiter .	58,9	61,3	51,8
Ungelernte „ .	22,0	17,9	22,7
Sonstige Berufe . .	19,1	20,8	25,5
	100,0	100,0	100,0

Es wäre aber verfehlt, von der Berufsgliederung als solcher schon auf die Berufs-Ausbildungsverhältnisse überhaupt zu schließen. Daß die Berufsgliederung im ganzen ungünstig ist, besagt nur, daß die unehelichen Waisen in noch beschränkterem Umfange in die höheren Berufsklassen aufsteigen als die übrigen Unehelichen. Für das schließliche Urteil kann es daher nur auf das Verhältnis der gelernten zu den ungelernten Arbeitern ankommen. Stellen wir gleich die Verhältniszahlen aller zu vergleichenden Gruppen zusammen. Es kommen bei den hier Geborenen

unehel. Waisen überhaupt	auf	52	gelernte	20	ungel. Arbeiter,	d. i.	auf	100	gel.	38,46	ungel.	Arb.
unehel. Waisen, deren Mütter ledig waren	„	45	„	18	„	„	„	100	„	40,0	„	„
unehel. Stiefkindern, deren Mütter am Leben blieben . .	„	65	„	19	„	„	„	100	„	29,23	„	„
Unehelichen, deren Mütter am Leben und ledig blieben	„	73	„	32	„	„	„	100	„	43,83	„	„

Die *Mittelstellung*, welche die unehelichen Waisen zwischen den unehelichen Stiefkindern und jenen Unehelichen, deren Mütter ledig, aber am Leben blieben, einnehmen, ist also ganz deutlich. Bezüglich der körperlichen Tüchtigkeit fanden wir oben (S. 22 ff.) dasselbe, und es bestätigt sich demnach auch hinsichtlich der Ausbildung zu eineme Berufe, *daß es für die unehelichen Kinder besser ist, ihre Mutter stirbt, als sie bleibt am Leben, ohne sich zu verehelichen!*

Auch bei den zugewanderten unehelichen Waisen zeigt sich diese erwartete Mittelstellung. Die Berufsgliederung derselben ist folgende:

Beruf	Uneheliche Waisen überhaupt		Waisen, deren Mütter unverehel. geblieben waren	
	absolut	in %	absolut	in %
Gelernte Arbeiter .	198	69,2	172	69,9
Ungelernte „ .	62	21,7	55	22,4
Sonstige Berufe . .	26	9,1	19	7,7
Im ganzen	286	100,0	246	100,0

Vergleicht man die Prozentanteile der drei Berufsgruppen mit den Ziffern der anderen Gruppen der auswärtigen Unehelichen (s. o. S. 32 f.), so findet man, daß sich schon jetzt, bei der Berufsgliederung, eine Mittelstellung der Gruppe der Waisen zeigt, denn die Sätze derselben fallen mit dem Durchschnitt der Gesamtmasse der auswärtigen Unehelichen — 70,3 gel. und 22,1 ungel. Arbeiter — zusammen. Daß sich die Mittelstellung schon bei der Berufs**gliederung** zeigen kann, liegt an dem nivellierenden Einflusse, den die durch die Wanderung bewirkte Auswahl hervorruft. Ausschlaggebend ist das Verhältnis der gelernten zur ungelernten Arbeit, welches sich folgendermaßen gestaltet. Es kommen bei den zugewanderten

unehel. Waisen überhaupt	auf 198 gel.	62 ungel.	Arbeiter,	d. i.	auf	100 gel.	31,31 ungel.	Arb.
unehel. Weisen, deren Mütter unverehel. geblieben waren .	„ 172	„ 55	„	„	„	„ 100	„ 31,97	„ „
unehel. Stiefkindern mit lebend. Müttern	„ 389	„ 112	„	„	„	„ 100	„ 28,79	„ „
Unehelichen mit ledigen und lebenden Müttern . . .	„ 318	„ 108	„	„	„	„ 100	„ 33,96	„ „

Wie ersichtlich, trifft die erwartete Mittelstellung der Waisen zwischen den Gruppen der Stiefkinder und der eigentlichen Unehelichen präzise ein. Daß dies selbst bei so kleinen Beobachtungsmassen innerhalb des so geringen Abstandes zwischen jenen beiden Gruppen der Fall ist, muß als eine um so wichtigere Bestätigung unserer Bestimmung des Funktionswertes der Gruppe der unehelichen Waisen angesehen werden.

V. Zusammenfassung und Schluß.

Besinnen wir uns auf die Grundlage, auf welche die vorstehende statistische Untersuchung gestellt wurde. Es war der Begriff der Unehelichkeit, von dem wir ausgingen. Da ergab sich die Erwägung, daß formelle und funktionelle Unehelichkeit nicht zusammenfallen können, und daß daher die rechtlich-formalen statistischen Massen von Unehelichen möglichst nach Gesichtspunkten, die aus dem theoretischen Begriffe der Unehelichkeit zu schöpfen sind, in homogene Gruppen aufgelöst werden müssen. Diese Auflösung erwies sich in der statistischen Durchführung als möglich und als fruchtbar.

Versuchen wir, die wichtigsten Ergebnisse derselben zusammenzufassen, so gelangen wir zur Formulierung etwa folgender Sätze:

1. Die männlichen Frankfurter Unehelichen gliedern sich in folgende Gruppen: Ein reichliches Drittel ist in einer Stiefvaterfamilie aufgewachsen (Stiefkinder), von den nach Abzug der Stiefkinder Verbleibenden sind ca. $^1/_3$ Waisen und ca. $^2/_3$ solche, deren Mütter unverehelicht am Leben blieben (eigentliche Uneheliche). Legt man die Masse der Waisen ihrer Größe nach als Einheit zugrunde, so verhalten sich unter 100 Unehelichen überhaupt die Waisen zu den Stiefkindern und diese zu den eigentlichen Unehelichen ungefähr wie 22 : 33 : 44, d. i. wie 2 : 3 : 4.

2. Dieses Verhältnis der ermittelten Gruppen dürfte indessen noch dadurch einige Abänderung erfahren, daß sowohl innerhalb der Stiefkinder wie der Waisen und der eigentlichen Unehelichen eine (im ganzen wahrscheinlich kleine) Gruppe von Stiefkindern, die in einer Stiefmutter-Familie unehelichen Ursprungs aufgewachsen ist, verstreut gedacht werden muß. Ausdehnung und Eigenschaften dieser Gruppe konnten an unserem Materiale auf keine Weise festgestellt werden. Ebensowenig konnte festgestellt werden, wie weit sich unsere Masse von Waisen je nach dem Zeitpunkte der Verwaisung und der Art der subsidiären Entwicklungsbedingungen differenziert, noch welche Eigenschaften diese Differenzierungen haben.

3. Bei formalen statistischen Massen von Unehelichen, welche sich aus Individuen, die das Kindesalter überschritten haben, zusammensetzen, ist die Gruppe der in einer Stiefvaterfamilie Aufgewachsenen wenn auch nicht quantitativ die hervorragendste, so doch die für die statistische Reinigung der Gesamtmasse wichtigste Gruppe, weil sie sich qualitativ am meisten von der funktionellen Unehelichkeit entfernt.

4. Bei formalen statistischen Massen solcher Unehelicher hingegen, die sich im frühesten Kindesalter befinden, sind andere Gesichtspunkte anzulegen, es treten hier insbesondere die Gruppen der Legitimierten, der in Ziehfamilien Befindlichen u. a. hervor.

5. Von den am Leben bleibenden unehelichen Müttern, welche nicht die Väter ihrer unehelichen Kinder heiraten (Legitimationsheirat), verehelicht sich ungefähr die Hälfte mit anderen Männern als den natürlichen Vätern ihrer unehelichen Kinder.

6. Die so entstehende Stiefvaterfamilie unehelichen Ursprungs wird im allgemeinen nur wenige Jahre nach der unehelichen Niederkunft der Mutter gegründet, und die betreffenden in die Ehe hinüber genommenen Stiefkinder werden daher bereits von frühestem Jugendalter an innerhalb einer Familie erzogen.

7. Die Stiefvaterfamilie kommt sowohl in ihrer körperlichen, wie in ihrer wirtschaftlichen (beruflichen) Erziehungsleistung der normalen Leistung der normalen Familie innerhalb der gesellschaftlichen Sphäre, in der sie funktioniert, wesentlich gleich; sie stellt daher in den untersuchten Beziehungen keine Erscheinung funktioneller Unehelichkeit dar.

8. Die eigentlichen Unehelichen, deren Mütter am Leben und unverehelicht blieben, zeigen sowohl in körperlicher Hinsicht wie in Hinsicht auf ihre Berufsausbildung ein beträchtliches Maß an körperlicher und beruflicher Degeneration.

9. Die unehelichen Waisen hingegen nehmen eine Mittelstellung zwischen den eigentlichen Unehelichen und den Stiefkindern ein, so daß es für die unehelichen Kinder besser ist, ihre Mutter stirbt, als sie bleibt unverehelicht am Leben.

10. Die auswärts Geborenen (Zugewanderten) zeigen mehrfach abweichende Eigenschaften, was hauptsächlich eine Folge der Auswahl, welche die Wanderungsmotive bewirken, ist.

Diese Sätze sind, wie hervorgehoben, die Ergebnisse der statistischen Erprobung der von unserem Begriffe der Unehelichkeit aus deduzierten Grnppen von Gebilden der Bevölkerungserneuerung. Durch sie ist der sozialeFunktionswert jener Gruppen bestimmt. Indem sich zeigte, daß dieser sowohl bei den Stiefkindern als auch bei den Waisen und den eigentlichen Unehelichen je ein anderer ist, ist auch gleichzeitig die Gliederung und Abstufung des funktionellen Systems der Bevölkerungserneuerung, das der soziale Körper in einer Reihe von Organen sich schafft, wenigstens an einigen wichtigen Punkten erkannt worden.

Methodologisch betrachtet ist damit einerseits dargetan, welche bedeutenden Dienste die statistische Induktion im Auf- und Ausbau einer Theorie der Unehelichkeitserscheinung leisten kann, damit werden aber andererseits auch die Grenzen des Wertes dieser Induktion deutlich. Denn die Feststellung des sozialen Funktionswertes der einzelnen Organgebilde betrifft nur die eine, nämlich die funktionelle Seite der Unehelichkeitserscheinung, während die schwierigere und theoretisch bedeutsamere Seite des Problems in ihrem Wesen oder ihrer Verursachung (Bedingtheit) liegt. Von der funktionellen Seite aus stellt sich die Bevölkerungserneuerung, wie wir sahen, je nach der Qualität der Entwicklungsbedingungen, die sie darbietet, als Degenerations- oder Regenerationserscheinung dar; von der Seite ihrer Bedingtheit (Wesenheit) aus aber ergibt sich die schwierige Aufgabe einer Analyse des gegenseitigen seelischen Zusammenhanges der beteiligten Individuen, und da kann naturgemäß der statistischen Induktion nur eine sekundäre Rolle zukommen. Denn die Herausabstrahierung der Elemente jener seelischen Zusammenhänge und ihrer gesetzmäßigen Abhängigkeit von einander kann nur in rein theoretischer Betrachtung erfolgen. Aber für die Erforschung von Vorhandensein und Ausbreitung der verschiedenen zu deduzierenden Arten bezüglicher Bewußtseinszusammenhänge im sozialen Körper, sowie für die Ermittlung ihrer von äußeren — wirtschaftlichen, rechtlichen etc. — Einflüssen bewirkten Variationen bietet sich der statistischen Induktion wieder ein weiteres Arbeitsfeld.

So bildet gerade die Erforschung der Unehelichkeitserscheinung ein lehrreiches Beispiel dafür, wie die sozialwissenschaftliche Induktion nicht nur ihre methodische Durchbildung und Gestalt, sondern auch ihren Sinn und Wert von der deduktiv gewonnenen theoretischen Einsicht erhält.

Nachwort über die Bedeutung der Ergebnisse der vorstehenden Untersuchung für die Frage der Berufsvormundschaft.

Von
Dr. Chr. J. Klumker,
Direktor der »Centrale für private Fürsorge« in Frankfurt a. M.

Die statistischen Untersuchungen über uneheliche Kinder, von denen Herr Dr. Spann hier ein zweites Bruchstück veröffentlicht, sind durch das Bedürfnis praktischer Fürsorgearbeit in das Leben gerufen worden. In der Fürsorge für Kostkinder und uneheliche Kinder — zwei Kreise, die sich sehr nahe berühren — versucht die Zentrale für private Fürsorge in Frankfurt a. M., rein auf private Mittel gestützt, zunächst örtlich für Frankfurt a. M. selbst eine Besserung herbeizuführen. Für das Kostkinderwesen stand das Ziel vollkommen fest. Nach vielfachen Erfahrungen kann für Kostkinder bis zu 2—3 Jahren einzig eine ärztliche Kontrolle, verbunden mit besoldeten, berufsmäßigen Pflegerinnen, wirkliche Erfolge aufweisen. Nach dem Vorbilde Leipzigs und den neueren Versuchen der Berliner Polizei und einer ganzen Reihe ähnlicher Ansätze kann hierüber gar kein Zweifel sein. Als ich dagegen für die Zentrale anfing, mit Hilfe des Gemeindewaisenrates eine größere Anzahl Vormundschaften über uneheliche Kinder zu übernehmen, und so eine private Kollektivvormundschaft, eine Art Ersatz, vielleicht auch eine Vorstufe der öffentlichen Berufsvormundschaft zu schaffen, ergab sich sofort, daß unsere Kenntnisse über die Lage der unehelichen Kinder unzureichend sind, um die Forderung einer solchen beruflichen Vormundschaft ebenso sicher und unanfechtbar zu begründen, wie die Forderung der ärztlichen Kontrolle und der beruflichen Pflegerinnen beim Kostkinderwesen. Daraus ergaben sich jene statistischen Untersuchungen, von denen auch hier ein Bruchstück vorliegt.

Die Mängel der Einzelvormundschaft werden allerdings bereits seit mehreren Menschenaltern beklagt. Aber außer den sächsischen Anfängen einer Generalvormundschaft sind erfolgreiche Neuerungen nirgends durchgedrungen. Noch das bürgerliche Gesetzbuch hat sich damit begnügt, die alten überlebten Versuche mit freiwilligen Aufsichtsorganen über die Vormünder (Gemeindewaisenrat) zu erneuern und damit z. B. süddeutschen Staaten eine ganz künstliche Veranstaltung aufzudrängen.

Weil das bürgerliche Gesetzbuch der unehelichen Mutter eine Art Vorrecht auf die Vormundschaft über ihr Kind einräumte, wurde dies von Theoretikern beiderlei Geschlechts als Fortschritt gepriesen, obwohl sich aus der Praxis die schwersten Bedenken dagegen erhoben. Sollte sich das Ergebnis Dr. Spanns bestätigen, daß jene unehelichen Kinder am schlechtesten stehen, deren Mütter ohne zu heiraten am Leben bleiben, daß diese sogar schlechter dastehen, als wenn ihre Mutter stürbe, so wäre es ein wichtiger weiterer Beweis dafür, wie unser Vormundschaftsrecht bei den unehelichen Kindern in eine Sackgasse geraten ist.

Gewiß fällt der Frau bei der Fürsorge für die Unehelichen eine wichtige Rolle zu — in der Berufspflegerin für die Säuglingsaufsicht bildet sich dafür eine erste, feste Form —; wo aber so schwere Schäden großer Volkskreise in Frage stehen, gilt es die Stellung der Frau nicht theoretisch zu regeln, sondern praktisch so zu gestalten, wie es das Gesamtwohl erfordert.

Schon die obigen Anfänge wissenschaftlicher Untersuchung des Problems zeigen, daß hier neue Gesichtspunkte gewonnen werden können. Innerhalb der unehelichen Bevölkerung bilden sich natürliche Hilfs- und Schutz-Einrichtungen, von denen die Stiefvaterfamilie eine der wesentlichsten zu sein scheint. Gelingt es aber einer solchen natürlichen Schutzbildung, die Nachteile der unehelichen Geburt für viele Kinder so auszugleichen, daß sie den ehelichen gleichstehen, so ist das ein klarer Beweis, daß das Menschenmaterial der Unehelichen von Natur nicht schlechter als das der Ehelichen ist, daß also die ungünstige Lage der Unehelichen durch zweckmäßiges privates und öffentliches Eingreifen sehr wohl gebessert werden kann. Dem letzten Jahrhundert blieb es vorbehalten, einer besonderen Barbarei zu weiter Anerkennung zu verhelfen; dem unehelichen Kinde — wohlgemerkt dem Kinde, nicht der Mutter — soll ein sittlicher Makel, der Makel seiner Geburt anhaften. Die weite Verbreitung der Stiefvaterfamilie unehelichen Ursprunges zeigt aber, daß in manchen Schichten der Bevölkerung in diesem Punkte gerechtere, oder was soziologisch gesehen von hoher Bedeutung ist, sozial heilsamere Anschauungen herrschen als bei vielen unserer »Gebildeten«. Ernsthaft in eine öffentliche Erörterung wird sich jene — ich möchte sagen — Blasphemie von Makel der Geburt kaum vorwagen. Dagegen trifft man oft die Ansicht, daß die Unehelichen doch geistig und körperlich minderwertiger seien als die Ehelichen. Diese Meinung wechselt im Laufe der Zeiten mit der entgegengesetzten, welche die Vorzüge der Bastarde preist. Die Erfolge der Stiefvaterfamilie für die Unehelichen zeigen wieder, welch gutes Material da vorhanden ist. Wir lassen körperlich und geistig normale Kinder zugrunde gehen, wir sehen zu, daß sie Gefängnisse und Irrenanstalten in starkem Maße bevölkern, während all das bei ihnen nicht in höherem Maße einzutreten brauchte wie bei ehelichen Kindern. Wir lassen sie unter rohen Vorurteilen leiden und suchen Zustände für Naturverhängnis auszugeben, die einfach durch die Schuld unserer Gesellschaft geschaffen und erhalten werden.

Die Wege zur Abhilfe für das Säuglingsalter kennen wir so ziemlich; es handelt sich nur darum, sie wirklich einzuschlagen. Auch dazu ist Hoffnung vorhanden, nachdem z. B. in Preußen maßgebende Stellen sich der Sache anzunehmen beginnen. Sehr viel freilich ist noch zu tun, bis auch nur, etwa wie im Großherzogtum Hessen, die ärztliche Aufsicht gesetzlich festgelegt ist. Daneben, und besonders für das höhere Alter, wird es kein anderes Heilmittel geben als die Ersetzung der Einzelvormundschaft durch die berufliche Vormundschaft.

Daß die Gestaltung der Abhilfe-Mittel durch solche Tatsachen wie die erfreuliche Wirkung der Stiefvaterfamilie sehr beeinflußt wird, liegt auf der Hand. Es erscheint darnach als sehr berechtigt, wenn das Bürgerliche Gesetzbuch dem Ehemanne der unehelichen Mutter das Recht verliehen hat, dem Kinde seinen Namen zu geben (§ 1706), also das frühere verwaltungsrechtliche Ermessen durch einen zivilrechtlichen Anspruch ersetzte. Das Hineinwachsen in die Stiefvaterfamilie wird dadurch entschieden gefördert.

Dagegen zeigt der Vergleich der Unehelichen in der Stiefvaterfamilie mit den Unehelichen, die ohne diese aufwachsen, wie wenig die vorhandenen staatlichen Schutzmaßnahmen für Uneheliche — nämlich die Polizeiaufsicht der Ziehkinder auf Grund der Gewerbeordnung und die Einzelvormundschaft — wirklich auszurichten vermögen.

Die schlechten Verhältnisse der Gruppe der eigentlichen Unehelichen vereinigen sich mit alldem, was seit Menschenaltern über diese Tatsachen festgestellt wird, zu einer lauten Anklage gegen die Einzelvormundschaft, wenigstens so weit sie uneheliche Kinder betrifft. Für die Frage, wie eine Generalvormundschaft zu gestalten sei, werden sich auch aus diesen und den weiteren Arbeiten eine Reihe neuer Gesichtspunkte ergeben. Es ist z. B. klar, daß ein künstlicher Schutz der unehelichen Kinder dort nicht unbedingt notwendig ist, wo sich auf natürlichem Wege normale Verhältnisse gebildet haben, wie es in der Stieffamilie der Fall ist.

Ferner wird der praktischen Einwirkung durch die Aufdeckung der Eigenschaften der einzelnen Unehelichkeitsgruppen jener Punkt angezeigt, wo sie einzusetzen hat. So z. B. wird das relativ starke Vorherrschen der ungelernten Arbeit bei den nicht unter dem Schutze der Stieffamilie stehenden Unehelichen eine Aufforderung an die Berufsvormundschaft sein, der Berufsausbildung ein ganz besonderes Augenmerk zuzuwenden. Es erscheint mit den diesbezüglichen Ergebnissen insbesondere bewiesen, daß die Generalvormundschaft nicht im vierten oder sechsten Lebensjahr des Kindes enden darf, wie dies gegenwärtig meist gefordert wird, sondern bis zur Volljährigkeit währen soll.

Wenn ich diese Anmerkungen hier schon anschloß, bevor wir die Untersuchungen des Herrn Dr. Spann, denen weitere Arbeiten folgen sollen, der Öffentlichkeit geschlossen vorlegen können, so geschah es, um auf den praktischen Hintergrund der Forschungen hinzuweisen, und vielleicht anderswo zu ähnlichen Arbeiten anzuregen. Es handelt sich nicht bloß um wissenschaftliche Probleme sehr interessanter Natur, die das mühesame Eindringen dem Forscher reichlich lohnen, sondern es gilt zugleich, Bausteine herbeizuschaffen zu praktischen Fortschritten edler Menschlichkeit.

FSC
www.fsc.org
MIX
Papier | Fördert
gute Waldnutzung
FSC® C083411

Kolibri 360 GmbH
Ferdinand-Jühlke-Straße 7
99095 Erfurt, Deutschland
produktsicherheit@kolibri360.de